U0241269

黄河水生生物多样性与健康评价丛书

黄河流域
底栖硅藻
生物多样性图集

张 曼 秦祥朝 李学军 等 编著

中国农业出版社

北 京

内容简介

　　本书参考了国内传统、接受度高的分类体系大框架，在此基础上同时借鉴了国际最新的硅藻分类系统，将新的分类属与传统分类体系框架融合形成一体，形成更易被接受的硅藻分类框架。本书上篇收录了采集自黄河流域的底栖硅藻，详细描述了15科54属166种（含17变种2个变型），包括每个物种的中文名、拉丁名、鉴定文献、形态学特征及分布范围等信息，并附有光学显微镜照片和电子显微镜照片；下篇综合探讨了黄河流域底栖硅藻的生物多样性分布、生境特征，以及利用底栖硅藻开展黄河流域健康评价的方法与探索。为方便读者检索，书后附有硅藻物种名录信息表，便于查询。

　　本书获得国家藻类产业技术体系（CARS-50）、国家冰川冻土沙漠科学数据中心、生态环境部黄河流域水生态调查监测（H2021017）、河南师范大学学术专著出版基金、农业农村部财政专项"黄河渔业资源与环境调查"、河南省科技厅重大公益专项（201300311300）、河南省重点科技攻关"黄河河南段干支流水生态监测与健康评价体系研究与应用（232102320250）"、河南省青年骨干教师计划(No. 2020GGJS064)、河南省研究生教育优质课程(YJS2025KC31、YJS2021KC28)、新农科研究与改革实践项目(2020JGLX115)等项目支持。

　　本书可为淡水硅藻分类学、流域生态学、水环境科学与应用、水体监测等方面的研究提供参考资料，还可供藻类学、植物学、生态学相关领域的高校师生、科研人员和流域管理人员等使用。

黄河水生生物多样性与健康评价丛书

编委会 ○─────────────────

主　任：李学军

副主任：周艳丽　江恩慧　张耀南

委　员（按姓氏笔画排序）：

于　潘	王先锋	石瑞涛	卢雅炎	田世民
冯世坤	吕绪聪	刘涛涛	闫培光	汤永涛
李辰林	李爱景	吴乃成	余玉洋	宋东蓥
张　曼	张景晓	尚志强	罗　粉	金锦锦
周传江	郜小龙	郜学军	秦祥朝	袁华涛
高云霓	高肖飞	敏玉芳	康建芳	彭婷婷
董　静	韩立钦	韩　冰		

黄河流域底栖硅藻生物多样性图集

○ **编委会**

主　编：张　曼　秦祥朝　李学军

副主编：刘　哲　堵飞超　王先锋　吕绪聪　罗　粉

参　编（按姓氏笔画排序）：

于　潘　王秀粉　王　娟　冯世坤　李玉华

李昊钰　杨　博　张　帅　张　虎　张艳敏

张景晓　张静静　赵文科　赵雪芹　郐小龙

袁华涛　高云霓　高肖飞　郭春晖　董　静

魏　娜

总序

　　"黄河宁，天下平。"黄河作为全球泥沙含量最高、治理难度最大、水害最严重的河流之一，面临着裹泥卷沙、河道摆动、地上悬河等多重问题。自党的十八大以来，党中央高度重视生态文明建设，将黄河流域生态保护和高质量发展确定为国家战略，明确了"节水优先、空间均衡、系统治理、两手发力"的治水思路；"治理黄河，重在保护，要在治理"，"要做好保护工作，促进河流生态系统健康，提高生物多样性"，建立了黄河保护治理的重要框架，取得了重要成就。然而，我们也要看到，在黄河流域生态保护和高质量发展中仍存在突出的矛盾和问题。

　　水生生物多样性是支撑黄河流域高质量发展的重要基础。黄河流域的水生生物多样性与人类生产生活密切相关，其资源价值和指导作用不仅关乎沿黄流域人们的生活用水健康，也在流域管理与保护、水资源分配、粮食和能源等方面发挥着重要作用。黄河流域的空间跨度巨大，人类活动对其生态系统结构和功能造成了深刻影响，威胁着流域生态系统的健康。因此，调查和记录黄河流域的水生生物多样性组成，探讨黄河流域的健康评价与水生态保护策略具有迫切性和重要性。

　　黄河是中华民族的母亲河，保护好黄河的水生生物多样性是我们共同的责任和使命。河南师范大学的科研人员多年来一直致力于黄河流域水生生物多样性研究工作，2020—2022年期间，他们与黄河流域生态环境监督管理局生态环境监测与科学研究中心等单位一起，全方位、深层次地对黄河流域及西北诸河进行了水生生物多样性调查与水生态健康评价工作。在三年多的时间里，共有30余位师生参与野外调查和室内鉴定检测工作，他们克服了新冠疫情的不利影响，不畏酷暑和风雨，辗转行程数万公里，夜以继日奋战1 000余天，获得了具有代表性的研究成果，编撰完成了《黄河水生生物多样性与健康评价丛书》。该丛书勾勒出黄河全流域生物多样性概况与生境面貌；同时深入剖析了水生生物多样性与水环境关系，阐释水生生物分布格局及关键驱动因子，综合评价了黄河流域生态健康状况。

　　《黄河水生生物多样性与健康评价丛书》是我国第一套关于黄河流域水生生物多样性的丛书，从浮游植物多样性、浮游动物多样性、底栖硅藻多样性、底栖动物多样性和生态健康评价等多个方面描绘了黄河流域的水生生物多样性状况。丛书对于黄河流域的水生生物多样性水质评估和生态系统健康管理具有重要的参考价值，对于从事河流生态学、水生生物学教学、科研及水域管理的人员具有重要的借鉴意义，能够为黄河流域的生态保护和高质量发展提供有益指导，促进黄河流域的生态文明建设，实现人与自然和谐共生的美好愿景。

2023 年 11 月

自序

　　底栖硅藻是河流生态系统的主要生产力，它们对水质环境十分敏感，是河流水体直接有效的指示物种。底栖硅藻群落具有生物多样性高、易采集和易保存的优点，是近年来河流水体环境健康评价研究中最常用的指示生物。但目前国内关于底栖硅藻种类鉴定的图谱和资料较少，有关硅藻分类的书籍也不多，而且分类体系混乱，导致种类鉴定不准确，无法满足生态监测和环境健康评价的工作要求。

　　黄河为中国第二大河，黄河发源于青藏高原巴颜喀拉山北麓的约古宗列盆地，自西向东流经青海、四川、甘肃、宁夏、内蒙古、陕西、山西、河南、山东等九省（区），在山东省东营市垦利区注入渤海，河道全长5 464 km，流域面积79.5万 km²。作为华夏大地的重要空间纽带，黄河是连接三江源、祁连山、汾渭平原、华北平原等一系列"生态高地"的巨型生态廊道，具有水资源保障与生态调控等极为重要的生态服务功能。同时，由于黄河流域跨越了青藏高寒、华北湿润半湿润等多个自然分区，呈现出明显的自然地理分异格局，其生态脆弱性、敏感性十分突出。2019年，习近平总书记实地考察了黄河流域生态保护和发展，将黄河流域生态保护和高质量发展提升到了战略性高度。现阶段，黄河流域的生态保护和高质量发展仍处于战略实施初期，本书从国家重大战略视角出发，广泛调查并深入探索了黄河流域底栖硅藻生物多样性的分布格局及其决定因素，为黄河生态评价、保护和管理起到重要支撑作用。

　　河南师范大学于2020—2022年三年间系统开展了黄河流域底栖硅藻监测工作，所采集的流域自三江源一直延伸至黄河入海口，涵盖了黄河干流、11条支流，以及6个大型水库与湖泊，共99个采样位点（河流74个，湖库25个）。在系统调查的基础上，进一步组织多位专业技术人员开展底栖硅藻鉴定和图谱的拍摄工作，获得了大量硅藻光镜和电镜图片，本人又将这些照片进一步筛选、编辑和分类，并根据采集过程中获得的环境和水体理化数据，进一步分析了底栖硅藻的指征作用，最终编著了《黄河流域底栖硅藻生物多样性图集》。本书并不是

　　对黄河流域底栖硅藻生物多样性探讨的终点，只是随着调查的深入，通过与师友的讨论，对于如何开展黄河流域底栖硅藻生物多样性调查和评价有了一些初步的构想，结合文献资料，统合形成本书。希望本图集能为黄河流域底栖硅藻的种类鉴定、分类研究和水质评价提供一些珍贵的基础资料，同时能为黄河流域管理人员提供有一定参考价值的资料。

　　本书分为上、下两篇。上篇分类篇，主要介绍在本次监测调查中拍摄到的底栖硅藻种类，对每个种的形态特征进行了详细描述。下篇生态篇，系统分析了底栖硅藻调查过程中影响藻类多样性的关键因素，阐明了底栖硅藻的指征作用，探讨了适合黄河流域的评价方法。本书总共记录了硅藻15科54属166种（含17变种2个变型），其中中国新记录种3种，潜在新种5种。

　　本书的鉴定工作主要依据由中国科学院中国孢子植物志编辑委员会编辑的《中国淡水藻志》，此外还参考了（德）克拉默和兰格·贝尔塔洛主编的《欧洲硅藻鉴定系统》，王全喜和邓贵平主编的《九寨沟自然保护区常见藻类》，刘静主编的《珠江水系东江流域底栖硅藻图集》，谭香和刘妍主编的《汉江上游底栖硅藻图谱》，以及一些国内外公开发表的重要参考文献。特别需要感谢的是，本书的撰写得到了上海师范大学王全喜教授的修订和指导，我在此对他的付出表示崇高的敬意和衷心的感谢！

　　本书汇集了600多幅精美的藻类图片，每一张照片都饱含着野外采样工作者辛勤的汗水，照片拍摄者不厌其烦对焦调色的尝试，及实验室鉴定人员竭尽全力的特征比对。在此，感谢丛书编委会成员们对编撰此书的艰辛付出！

张　曼

2023年10月于河南新乡

目录

下篇　生态篇

上篇 分类篇

第1章 硅藻基础知识

1.1 硅藻的形态构造

　　底栖硅藻植物体为单细胞，或由细胞彼此连成链状、带状、丛状、放射状的群体，底栖硅藻一些种类常具胶质柄或包被在胶质团或胶质管中。细胞壁除含果胶质外，还含有大量的复杂硅质结构，形成坚硬的硅藻细胞，称为壳体（frustule）。壳体由上下两个半片套合而成，套在外面较大的半片称上壳（epitheca, epivalve），套在里面较小的半片称下壳（hypotheca, hypovale），上下两壳都各由盖板和缘板两部分组成，上壳的盖板称"盖板"，下壳的则称"底板"，缘板部分称"壳环带（cingulum）"，以壳环带套合形成一个硅藻细胞。从垂直的方向观察细胞的盖板或底板时，称为壳面观，从水平方向观察细胞的壳环带时，称为带面观（图1-1），细胞的带面多为长方形，有的呈鼓形、圆柱形；上下壳的壳环带互相套合部分称"接合带"，有些种类在接合带的两侧再产生鳞片状、带状或领状部分，称"间生带"，带状的间生带与壳面成平行方向，向细胞内部延伸为舌状，将细胞分为几个小区，这种特别的构造称为"隔片"；从壳面生出的突起称为"小棘"。

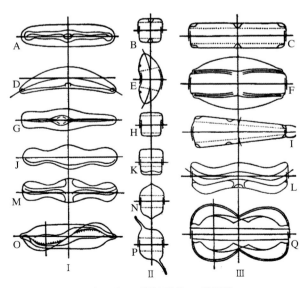

Ⅰ壳面观；Ⅱ纵断面观；Ⅲ带面观

图1-1　羽纹纲硅藻细胞形态模式图

A～C.羽纹藻；D～F.双眉藻；G～I.异极藻；J～M.曲壳藻；N～Q.茧形藻

（引自《中国淡水藻类——系统、分类及生态》）

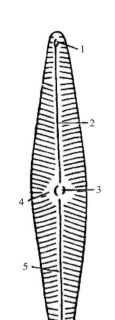

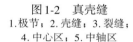

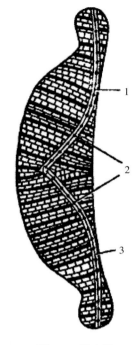

图1-2　真壳缝　　　　　　　图1-3　假壳缝　　　　　　图1-4　管壳缝
1.极节；2.壳缝；3.裂缝；　　　　　　　　　　　　　　　1.管壳缝；2.小孔；3.裂缝
4.中心区；5.中轴区

（引自《中国淡水藻类——系统、分类及生态》）

　　硅藻细胞的壳面呈圆形、三角形、多角形、椭圆形、卵形、线形、披针形、菱形、舟形、新月形、弓形、S形、棒形、提琴形等，辐射对称或两侧对称。硅藻细胞的壳面最常见的纹饰是由细胞壁上的许多小孔紧密或较稀疏排列而成的线纹，线纹由中心向四周呈放射状排列或平行、近平行排列。有些种类在壳面壁的两侧长有狭长横列的小室，形成U形的粗花纹，称肋纹；有的种类在壳的边缘有纵走的突起，称龙骨。

　　壳面中部或偏于一侧具1条纵向的无纹平滑区，称"中轴区"；中轴区中部，横线纹较短，形成面积较大的"中央区"；中央区中部，由于壳内壁增厚而形成"中央节"，如壳内壁不增厚，仅具圆形、椭圆形或横矩形的无纹区，称"假中央节"；中央节两侧，沿中轴区中部有1条纵向的裂缝，称"壳缝"（图1-2）；壳缝两端的壳内壁各有1个增厚部分，称"极节"（图1-2）；有的种类无壳缝，仅有较狭窄的中轴区，称"假壳缝"（图1-3）；有的种类的壳缝是1条纵走的或围绕壳缘的管沟，以狭窄的裂缝与外界相通，管沟的内壁具数量不等的小孔与细胞内部相连，称"管壳缝"（图1-4）；壳缝与硅藻的运动有关。

　　在硅藻中，有的硅藻结构很复杂，例如双眉藻属（图1-5）。从不同面观察该属藻体时，它的形状和结构都不相同。因此对硅藻开展分类工作时，需要观察其不同的面，充分了解其形态特征，从而避免错误鉴定。

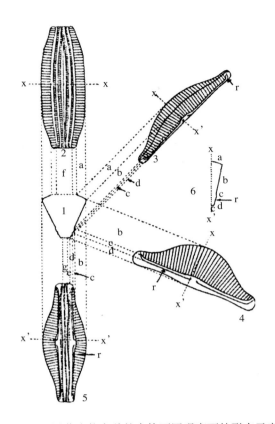

图1-5 双眉藻头状变种的壳体不同观察面的形态示意

1.横切面观（切顶面观），几乎呈等边梯形或等边三角形；2.带面的背侧观（包括背壳套和带面的间插带）；3.斜面观（包括壳缝、轴区、背侧线纹区、背壳套和剩余面）；4.壳面观；5.带面的腹侧观；6.横切面观的一半。

a.背壳套和剩余面；b.壳面的背侧线纹区；c、d.轴区；e.腹壳套（有时有线纹，即腹侧线纹区）；

f.带面背侧的间插带；g.带面腹侧的间插带；r.壳缝；x—x'.横轴（切顶轴或短轴）。

（引自《中国淡水藻志》；施之新，2013）

　　硅藻色素体一至多个，呈小盘状或片状。叶绿素成分主要是叶绿素a和叶绿素c，辅助色素有β-胡萝卜素、叶黄素类，叶黄素包括墨角黄素、岩藻黄素、硅甲黄素。由于这些叶黄素的存在，硅藻呈特殊的橙黄色。同化产物是金藻昆布糖和油脂。

　　硅藻的繁殖方式可以分为营养生殖，即细胞分裂；以及有性生殖。硅藻的细胞类型可以分为：（1）营养细胞，即无性繁殖后得到的；（2）复大孢子及小孢子，即有性繁殖过程中产生的。随着分裂次数的增加，后代细胞越来越小。当缩小到一定程度时，会以复大孢子的方式恢复其大小，但复大孢子并非都是细胞需要复大而产生。产生复大孢子有无性和有性两种方式，无性方式即由营养细胞直接膨大而成。有性方式可以由2个母细胞各自产生2个配子，彼此成对结合形成2个复大孢子，或是在不同的细胞产生的精子或卵结合产生1个或2个复大孢子，复大孢子萌发形成新的硅藻细胞。小孢子一般是在细胞内产生，常为2倍体。形成小孢子的方式有两种：一种是细胞核连续分裂后进行细胞质分裂；另一种是细胞质分裂紧随核分裂之后。（3）休眠孢子，在生长环境不利的情况下，母细胞内常形成厚壁的休眠孢子。到环境适宜时休眠孢子用萌发的方式，再长成新个体。

硅藻传统的分类是根据细胞壁和复大孢子的形态结构及纹饰进行划分，将硅藻分为中心硅藻类和羽纹硅藻类两大类。

（1）细胞分裂

这是硅藻的主要繁殖方式。细胞分裂时，原母细胞壁的两个半片分别保留在两个子细胞上，子细胞新分泌形成一个下壳。由于新形成的半片始终作为子细胞的下壳，母细胞半片为上壳，结果造成子代细胞中一个子细胞的体积和母细胞等大，另一个则略小。

（2）复大孢子

随着分裂次数的增加，后代细胞越来越小。当缩小到一定程度时，会以复大孢子的方式恢复其大小，但复大孢子并非都是细胞需要复大而产生。产生复大孢子有无性和有性两种方式，无性方式即由营养细胞直接膨大而成。有性方式可以由2个母细胞各自产生2个配子，彼此成对结合形成2个复大孢子，或是在不同的细胞产生的精子或卵结合产生1个或2个复大孢子。复大孢子萌发形成新的硅藻细胞。

（3）小孢子

常在细胞内产生许多小孢子，多数为2的倍数，有或无鞭毛，具色素体。形成小孢子的方式有两种：一种是细胞核连续分裂后进行细胞质分裂；另一种是细胞质分裂紧随核分裂之后。

（4）休眠孢子

在生长环境不利的情况下，母细胞内常形成厚壁的休眠孢子。到环境适宜时休眠孢子用萌发的方式，再长成新个体。

硅藻传统的分类是根据细胞壁和复大孢子的形态结构及纹饰进行划分，将硅藻分为中心硅藻类和羽纹硅藻类两大类。

1.2　分类鉴定的常见术语

背侧（dorsal）：在沿纵轴不对称的硅藻中，外侧边缘更凸，将这一侧称为背侧。另一侧是腹侧。

被膜（velum）：延伸过壳顶孔内侧或者将孔纹内侧封闭的，有结构或者无结构的薄的硅质膜。用强酸清洗通常会破坏被膜。

槽（sulus）：沟链藻属（*Aulacoseira*）种类中，远侧末端略前处的壳套上的缢痕。三个典型结构与"槽"接近。

（1）在壳套外侧发育较弱的槽沟。

（2）假隔片、环形脊通常在槽的背面、壳面的内侧。

（3）壳套末梢部分上小的、无孔纹的区域（颈）。

侧区（lateral area）：与中轴区平行延伸的无纹区，通常在中央节附近与中央区域汇合。在许多双眉藻属（*Amphora*）种类中，侧区只在一侧发育。

长室孔（alveoli）：来自拉丁语，本义为"凹陷、沟"的意思。位于壳面内部的槽形、横向的凹陷状结构。在纵向上，它们被横肋骨划分开，由一排或多排孔纹组成且延伸至壳缘。其内部或完全空隙，或在许多羽纹藻属（*Pinnularia*）以及所有美壁藻属

（*Caloneis*）种类中被内壁部分阻塞。

唇形突（rimoportula，labiate proce）：细胞壁上的一条管状穿孔。在光学显微镜下，从壳面外部看，它只是一个小孔，或者为像小刺一样的伸长结构。在中心目硅藻中，小孔或者突起一般位于边缘刺附近，或者趋向壳套。在壳面内侧它的形状如唇形。

刺、小刺（spine，spinule）：壳面上单个或者多个（小刺）突起。有时，连接刺可能将单个细胞连接成链状。例如，沟链藻属（*Aulacoseira*）和许多无壳缝硅藻的壳面具有刺（图1-6）。

点孔纹（puncta）：在普通光学显微镜下显示为细小孔点，存在于壳顶孔、孔纹和肋间。点孔纹是一个稳定的分类学特征。在显微镜对比度差的条件下，大的点孔纹模糊。在鉴定中，"粗糙的点孔纹"可以理解为一些硅质壁上粗的孔腔。

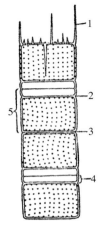

图1-6 沟链藻带面结构图解
1.刺；2.环沟；3.假环沟；4.颈部；5.高
（引自《中国淡水藻类——系统、分类及生态》）

顶端（apical）：来自拉丁语。在羽纹目硅藻中它是指细胞的末端。

顶沟（纵沟）（apical furrow）：壳缝两侧的沟纹，位于中央肋。

顶孔区（apical pore field）：在壳面的一端或者两端上的孔群，这些孔没有膜封闭，从孔中可产生一种分泌物，分泌物可凝结成细丝从而使细胞固定在合适的基质上。例如，异极藻属（*Gomphonema*）壳面一端具有顶孔区，桥弯藻属（*Cymbella*）壳面两端具有顶孔区。

顶面（纵面）（apical plane）：沿着纵轴与壳面成直角的面。

顶轴（纵轴）（apical axis）：羽纹目硅藻的纵向轴。

极节（terminal nodule）：在壳缝远侧末端的硅质加厚部分。

端（terminal）：羽纹目硅藻中，壳面的末端处。

极区／端区（terminal area）：壳面末端的无纹区域。

远端区：靠近壳面末端处的无纹区域。

近端区：靠近壳面中心处的无纹区域。

对称性（symmetry）：分类学术语中，许多羽纹目硅藻的壳面为双向对称性。然而，在形态学上，由于缺刻的存在，壳缝和不同结构的不规则排列，几乎所有种类的壳面沿纵轴都是不对称的。

腹侧（ventral）：在有背腹面的种类中，凸起较小的一侧。

复大孢子（auxospore）：（合子）由两个单倍体的配子经过有性生殖后形成的细胞。此细胞最终能发育成比母细胞大很多倍且有一个微弱硅质化的细胞壁的细胞，细胞壁的结构明显与植物细胞的不同。

隔片（septum）：与假隔片相比，隔片不附着在壳面上，但是附着在接合部上，平或波状。接合部通常是开放的，因此隔片总是对着开口。

横隔片：沿横轴延伸的平板隔片。例如，等片藻属（*Diatoma*）中，肋突能够发育为横隔片（图1-7）。

纵隔片：沿纵轴延伸的平板隔片。

假隔片（pseudoseptum）：短的、延伸的横向壁，并不贯穿整个细胞，在一些硅质壳中，它通常在细胞的末端与壳面平行。

管壳缝（canal raphe）：硅藻内部的管状通路，此管状通路在细胞表面具有裂缝。

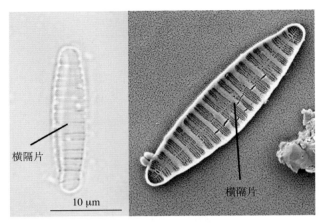

图1-7　等片藻属中的横隔片

贯壳轴、壳环轴（pervalvar axis）：贯穿上下两壳面中间的轴。

孤点（眼点）（isolated puncta, stigma）：孤点是中央区附近的管状穿孔，没有被膜将其闭合。与一般孔纹相比，孤点具有特殊的形态结构，他们拥有自己特殊结构的长室孔。

硅质壳（frustle）：完整的硅质细胞壁，包括上壳和下壳。

横线纹（transapical striae）：光学显微镜下，位于横肋之间的孔纹或长室孔排列为一排。当它们与纵轴垂直的时候，把它们描述为平行排列；当它们以一定角度远离中央节的时候，它们呈放射状排列；当它们以一定角度朝向中央节的时候，它们是汇聚状排列。

横轴面（transapical plane）：横轴和贯壳轴所在的面。

环（anulus）：壳面中央的一个透明环，在小环藻属（*Cyclotella*）和冠盘藻属（*Stephanodiscus*）的壳面上通常有少量的环。

汇聚状（convergent）：条纹从端节放射状排列。在以前的文献中，也使用"发散性"这一术语。

极（polar）：末端。

假沟（pseudosulcus）：中心目硅藻链状群体两壳面之间比较深的通道。假沟的形状来源于壳面的形状。扁平的壳面没有假沟，或者只有一个扁平的假沟。强烈凸起的壳面在壳面之间形成一深入渗透的假沟，它们具有很重要的分类学意义。如沟链藻属（*Aulacoseira*）具假沟。

节间带（copulae）：主要指细胞壳环开口的部分，通过它们的结构与其他壳环部分分开。节间带通常包括隔片。

近端的（近中央端的）（proximal）：靠近细胞中部的位置，靠近中央节。

孔（pore）：细胞壁上没有被膜的环形穿孔。

孔纹（areolae）：小室形式的穿孔，从细胞壁的横截面上看是圆形至有角的形状。它们的外侧或内侧被一层被膜所封闭。

喇叭舌（helictoglossa）：在壳面内表面，位于中间壳缝和管壳缝端节处的唇形结构。在许多舟形藻科（Naviculaceae）中，在端节上只有一模糊结构。例如，蹄形藻属（*Hippodonta*）具有该结构。

肋突（龙骨点）（fibulae，carinal dot）：由硅质支柱支撑，在许多具有管壳缝的硅藻种类的壳面内侧，桥接壳缝，承接龙骨。肋突基部可与一条或者多条线纹融合，可能是实心的、管状的，或者平的。

连接刺（linking spine）：通常指将单个硅质壳连接成链的大量的小刺。例如，沟链藻属中一般具有连接刺。

梅花形（quincunx）：表示点孔纹像骰子中的五点那样排列，线纹中的双排点孔纹通常是间隔出现的，形成梅花形。

内壳面（inner valve）：在正常的硅藻营养细胞内形成的壳面。

壳缝（raphe）：壳面裂缝状的开口，有运动作用的细胞器官。所有有壳缝的壳面有两个对称的壳缝分支。在曲壳藻科（Achnanthaceae）和舟形藻科（Naviculaceae）中，壳缝位于中肋。而在管壳缝的种类中，壳缝位于壳面与壳套的转角处，或者特殊的壳缝——龙骨上。

壳缝管（raphe canal）：在具管壳缝的种类中，壳缝沿着纵向的管形通道延伸，壳缝管通过翼状管的孔道口与细胞内部相连。

龙骨（kel）：高于壳面，纵向延伸的坚固的脊状突起。

壳面（valve surface）：壳套包围的部分。在许多羽纹目硅藻香肠状的原始细胞中，壳面和壳套有相同的结构。

切顶轴（横轴）（transapical axis）：与壳面平行且与纵轴垂直的轴。

上壳（epithea）：由上壳面和上壳环组成。指两个壳面中较大的那个壳面以及延伸至下壳的部分，像一个盒子顶部的盖子。

上壳面（epivalve）：上壳的盖顶。它包括壳面以及和壳环相连接的壳套。

室（chamber）：一般指壳面中圆形或者细长的洞，通常为孔纹。

透明区（无纹区）（hyaline）：用于描述壳面的无孔纹部分，如缺孔部分，与此相对的是有孔区。

下壳（hypotheca）：硅质壳两个壳面中较小的那个。

胸骨（sternum）：无壳缝硅藻的"假壳缝"，如无孔纹硅藻沿纵向延伸的线纹。

休眠孢子（resting spore）：在营养细胞一系列复杂分裂过程中的休止阶段形成。它能在环境条件不好的情况下存活。

远端的（distal）：远离中部，趋向细胞末端（与近端的、近中央端的相反）。

中央节（central nodule）：在中肋的中央区域呈不同深度和宽度增厚的一个节。在极个别情况下，中央节能到达壳面边缘，此时称为十字结。

中央区（central area）：壳体中部的透明区（无纹区）。有时该区域与中央节一致。通常中央区和中轴区没有明显的界限，因此两者形成一个透明区（无纹区）。

支持突（fultoportula）：壳体外侧的中空突起，通常形成一边缘环。支持突的管道有2～5个紧密相连的穿透细胞壁的结构（卫星孔）。它们排列在边缘环或壳面上。它们的组合和数目（包括存在和不存在）是重要的分类学特征。

第2章 // 硅 藻 分 类

中心纲 Centricae

圆筛藻目 Coscinodiscales

圆筛藻科 Coscinodiscaceae

碟星藻属 *Discostella* Houk & Klee, 2004

壳面圆形，壳面中央区平坦或呈同心波曲，具有较大的长孔室，常在壳面中部具星状图案，其中间具一个明显的泡状结构；壳面边缘具放射状肋纹，肋纹与中央区之间存在单列或多列线纹；支持突和唇形突均位于壳面边缘。该属细胞常单个存在或形成链状群体。

本属在黄河流域仅发现3种。

（1）假具星碟星藻

***Discostella pseudostelligera* (Hustedt) Houk & Klee**

鉴定文献：Houk & Klee, 2004, p. 223; Qi, 1995, p. 59, fig. 75.

特征描述：壳面圆形，直径3.7 ~ 10.0 μm。壳面略呈同心波曲或平坦。细胞上下壳面结构不同，一面壳面中央区凸起，另一面相应凹下。中央区具有多个气孔组成的星形图案或无，其外为一轮辐射状排列的点纹或短线纹，在10 μm内有10 ~ 12条。边缘区和中央区之间有一轮无纹区。唇形突及支持突位于壳缘，支持突在10 μm内有3 ~ 4个（图2-1）。

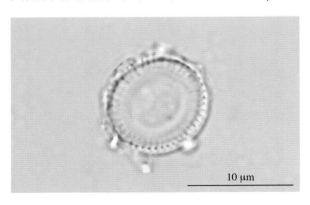

10 μm

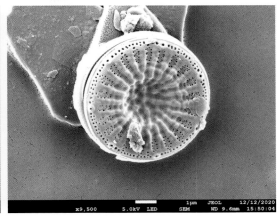

图2-1　假具星碟星藻 *Discostella pseudostelligera*

　　此种类在我国东江流域(刘静等, 2013)、长江下游干流(才美佳, 2018)有广布性分布，是常见性种类。

　　分布：乌梁素海。

（2）具星碟星藻

***Discostella stelligera* (Cleve & Grunow) Houk & Klee**

　　鉴定文献：Houk & Klee, 2004, p. 208; Qi, 1995, p. 61, fig. 78.

　　特征描述：壳面圆形，直径7.5 ～ 20.0 μm。壳面呈同心波曲。细胞上下壳面结构不同，一面壳面中央区凸起，另一面相应凹下。边缘区和中央区之间有一轮很窄的无纹区。中央区中心有1个游离点纹，其外为一轮辐射状排列的长短不一的短线纹。边缘区较窄，具辐射状线纹，线纹在10 μm内有12 ～ 16条。具边缘支持突一轮（图2-2）。

　　此种类在我国东江流域(刘静等, 2013)、长江下游干流(才美佳, 2018)有广布性分布，是常见性种类。

　　分布：刁口河滨孤路桥。

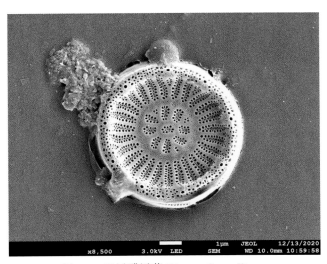

图2-2　具星碟星藻 *Discostella stelligera*

（3）碟星藻

***Discostella* sp.**

特征描述：细胞盘状至鼓状，壳套更短，壳环通常不是很明显，细胞单个或形成短链。壳面没有眼点，孔纹呈扇形结构扭曲排列。壳面圆形，直径4～5 μm（图2-3）。

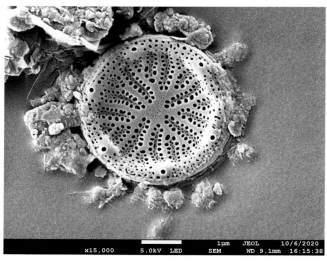

图2-3　碟星藻 *Discostella* sp.

此种可能为新种。

分布：乌梁素海。

冠盘藻属 *Stephanodiscus* Ehrenberg, 1845

植物体为单细胞或连成链状群体；细胞圆盘形，少数为鼓形、柱形；带面平滑具有少数间生带；壳面圆形，平坦或呈同心波曲；壳面纹饰为成束辐射状排列的网孔，在电镜下称室孔（areola），其内壳面具有筛膜，壳面边缘处每束网孔为2～5列，向中部成为单列，在中央排列不规则或形成玫瑰纹区。网孔束之间具辐射无纹区（或称肋纹），每条辐射无纹区或相隔数条辐射无纹区在壳套处的末端具一短刺，在电镜下可见在刺的下方有支持突，有时在壳面上也有支持突，壳面支持突的数目超过1个时，排为规则或不规则的一轮，唇形突1个或数个；带面平滑具少数间生带；色素体小盘状，数个，较大而呈不规则形状的仅1～2个。

本属在黄河流域仅发现1种。

（1）高山冠盘藻

***Stephanodiscus alpinus* Krammer & Lange-Bertalot**

鉴定文献：Krammer & Lange-Bertalot, 1991, p. 374, pl. 72, figs. 3-4.

特征描述：细胞个体较大，壳面圆形，直径10～32 μm。壳面呈向心波曲，大部分线纹在中央区由单列气孔组成，在接近壳面边缘处变为双列，少数出现为三列；束状辐射的线纹被明显的肋纹分开；刺状结构出现在壳面边缘，位于束状线纹之间（图2-4）。

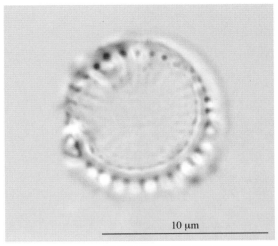
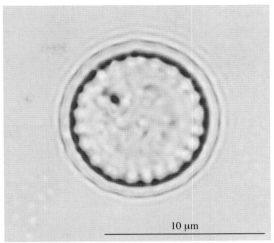

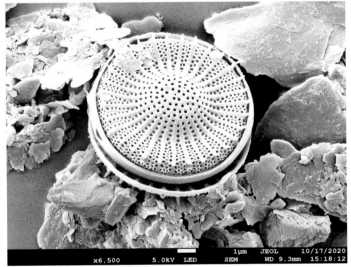

图2-4 高山冠盘藻 *Stephanodiscus alpinus*

此种类在我国曾经有采集记录。

分布：若尔盖。

小环藻属 *Cyclotella* Kützing, 1833

植物体为单细胞或由胶质或小棘连接成疏松的链状群体，多为浮游，有时底栖生活。细胞鼓形，壳面圆形，绝少为椭圆形。该属细胞的壳面中央区和边缘区结构不同，纹饰具边缘区和中央区之分，边缘区具辐射状线纹或肋纹，中央区平滑或具点纹、斑纹，部分种类壳缘具小棘；少数种类带面具间生带；色素体小盘状，多数。借助电子显微镜，该属壳面具有唇形突和支持突。

繁殖为细胞分裂，无性生殖，每个细胞产生1个复大孢子。

生长在池塘、浅水湖泊、沟渠、沼泽、水流缓慢的河流及溪流中，大多数为浮游种类。广泛分布于淡水水体中，个别种类是喜盐的。该属是硅藻土矿中的主要壳体之一，有些种类在地层划分和对比中是不可缺少的生物依据。

本属在黄河流域发现5个种，其中1个为变型。

（1）梅尼小环藻
Cyclotella meneghiniana Kützing

（1a）梅尼小环藻原变种
Cyclotella meneghiniana var. _meneghiniana_ Kützing

鉴定文献：Krammer & Lange-Bertalot, 1991a, p. 318, pl. 44, figs. l-10.

特征描述：细胞单生，壳体圆盘形，细胞直径9～22 μm。壳面呈圆形，中央区和边缘区边界明显，带面观矩形。壳面边缘区具有同心波曲，具有放射状排列的粗而平滑的线纹，边缘区宽度约为半径的1/2。中央区具有波曲，有时具有1～2个点斑（图2-5）。

此种类常生活在河流、湖泊、水库、池塘的沿岸带，附生，偶然性浮游至真性浮游。广布性种类，是世界性普生种（齐雨藻，1995）。

分布：东平湖、建林浮桥、黄河口湿地、五龙口、南山、南村、龙门大桥、高崖寨、白马寺、七里铺、花园口、潼关吊桥、沙王渡、桦林、上平望、王庄桥南、河西村、麻黄沟。

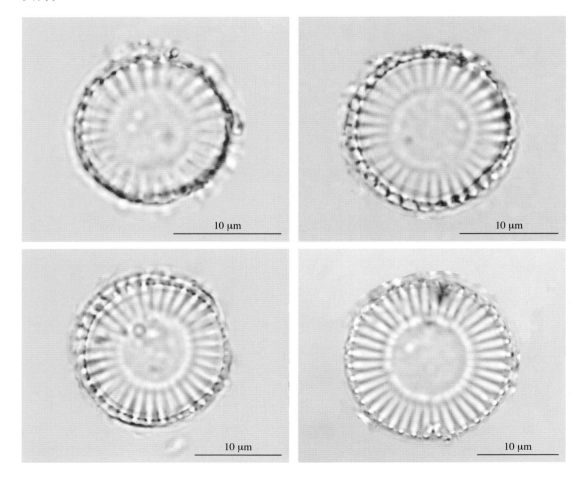

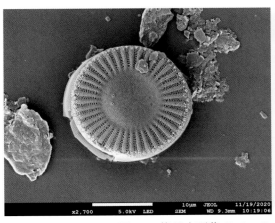
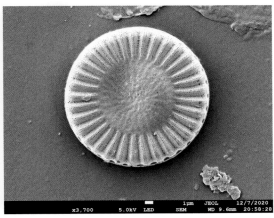

图2-5　梅尼小环藻 *Cyclotella meneghiniana* var. *meneghiniana*

（1b）梅尼小环藻中平变型
Cyclotella meneghiniana f. plana (Fricke) Hustedt

鉴定文献：Hustedt, 1928, figs. 221-224.

特征描述：此种与原变种的主要区别是本变型的壳面平坦，中央区不波曲。细胞直径16～25 μm。边缘区肋纹在10 μm内约有8条，肋纹在壳面边缘处略凸起（图2-6）。

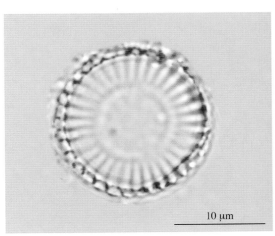
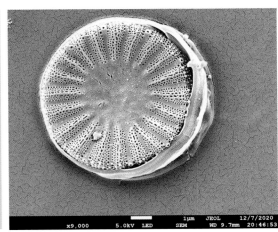

图2-6　梅尼小环藻中平变型 *Cyclotella meneghiniana* f. *plana*

此种类常生活在河流、湖泊、水库、池塘的沿岸带，附生，偶然性浮游至真性浮游。广布性种类，是世界性普生种(齐雨藻，1995)。在我国河北、山西、内蒙古、黑龙江、江苏、海南等地均有采集记录。

分布：上平望（汾河）。

（2）眼斑小环藻
Cyclotella ocellata Pantocsek

鉴定文献：Pantocsek, 1901, p. 134, fig. 318; Qi et al., 1995, p. 56, fig. 71.

　　特征描述：单细胞，细胞圆盘形，细胞直径5.0 ～ 15.5 μm，带面观矩形。壳面平坦，边缘区宽度约为半径的1/2，具细密的辐射状线纹，在10 μm内有15 ～ 21条；中央区边缘不整齐，具3个或多个直径约为1 μm的圆形斑纹，其间有或无疏散的细点纹。借助电子显微镜观测，可看到壳面中央有1 ～ 3个支持突，边缘有一轮支持突和一个唇形突（图2-7）。

图2-7　眼斑小环藻 *Cyclotella ocellata*

　　此种类常在湖泊沿岸带及底部沉积物上，周丛生、浮游或附生，偶尔也会出现在半咸水中，为喜碱、广盐性种类。在我国多地均有采集记录。

　　分布：磴口、龙羊峡水库库中、小浪底水库、高崖寨、白马寺、陶湾、龙门大桥、沁阳伏背、黄河口湿地1、黄河口湿地2、东平湖湖南。

（3）原子小环藻

Cyclotella atmous Krammer & Lange-Bertalot

　　鉴定文献：Krammer & Lange-Bertalot, 1991, p.332, pl. 51, fig. I 9-21.

　　特征描述：细胞个体较小，壳面圆形，直径3 ～ 7 μm，带面观矩形。壳面边缘结构可见，具逐渐变细的线纹；中央区较大且平坦，通常在中央区具一个明显的支持突，壳面边缘有一轮支持突（图2-8）。

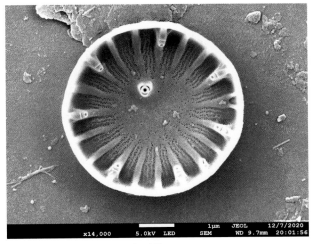

图2-8 原子小环藻 *Cyclotella atmous*

该种常出现在河流、湖泊及沿海的咸性水体中，在我国东江干流曾有采集记录(刘静等，2013)。

分布：红原、乌梁素海。

（4）长海小环藻

Cyclotella changhai Xu & Kociolek

鉴定文献：Xu & You, 2017, p. 1142, figs. 2-13.

特征描述：壳面圆形，直径7 ~ 11 μm，壳面平坦，带面观矩形，单细胞或链状群体。边缘区具辐射状线纹，线纹长短不一，边缘区宽度约为直径的1/2。第4 ~ 5条肋纹之间具1个支持突。壳面中央具一个唇形突，线纹在每10 μm内有20 ~ 24条（图2-9）。

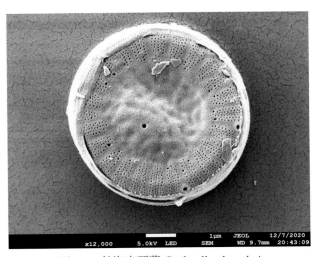

图2-9 长海小环藻 *Cyclotella changhai*

该种曾在我国九寨沟的长海地区被采集到（徐季雄等，2017）。

分布：上兰（汾河）。

海链藻属 *Thalassiosira* Cleve, 1873

壳体由胶质丝连成串或包被于原生质分泌的胶质块中而成不定形群体，极少单生。壳体鼓形至圆柱形，带面常见领状的间生带。壳面圆形，其上网孔呈辐射状或有时分组排列，或为直或弯的切线列。

色素体小盘状，多数。少数种类发现有复大孢子和休眠孢子。

电镜观察：在壳面边缘有一轮或一轮以上的支持突；在壳面中部也有支持突，排列成规则或不规则的轮列或线列，或成组或散生。唇形突一个或多于一个，位于壳面边缘，或位于壳面中央部分，或位于壳面中央与边缘之间，有的在壳面边缘，此外，还具有粗大的闭塞突 (ocluded porces)。

Hasle (1972) 根据 *Thalassiosira* 具有独特的支持突及网孔（实际上是孔突 loculi）具有外中孔及内筛板，而建立海链藻科(Thalassiosiraceae)。海链藻属(*Thalassiosira*)与圆筛藻属(*Coscinodiscus*)的主要区别是后者的孔室具内中孔和外筛板。

本属大多数种类为近海岸河口浮游种，少数生于内陆的沟渠、山溪、河流、水坑、湖泊、水库及盐湖中。

本属在黄河流域仅发现1种。

（1）湖沼海链藻

Thalassiosira lacustris (Grunow) Hasle

鉴定文献：Hasle Fryxell et al., 1977, p. 54, figs. 15-66.

特征描述：细胞圆盘形，壳面圆形，直径23 ～ 30 μm。壳面表面粗糙散生着许多细小的瘤突，呈切向波曲，具不规则大小的点纹，点纹呈放射状排列，壳面中央具有多个支持突。壳面外缘有两轮刺，外轮刺小，排列较紧密，每10 μm内有7 ～ 8个；内轮刺大且较稀疏，每10 μm内有4 ～ 5个（图2-10）。

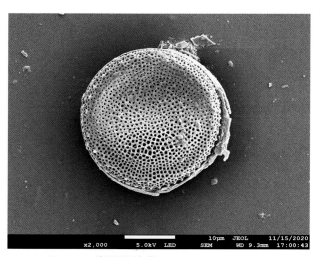

图2-10　湖沼海链藻 *Thalassiosira lacustris*

该种曾在长江下游干流被报道(才美佳,2018)。

分布：乌梁素海。

琳达藻属 *Lindavia* Schutt, 1900

此属壳体呈圆盘形。壳面具有两种不同的纹饰，壳面边缘带具放射状排列的孔纹或线纹，中央区有不规则分布且大小不一的圆形孔。壳面具有1个或多个唇形突。该属的鉴别特征是唇形突在支持突上有2~3个（有时4个），此外，支持突的外部开口缺少管状孔。

本属在黄河流域发现2种。

（1）辐纹琳达藻

***Lindavia radiosa* (Grunow) Toni & Forti**

鉴定文献：Tanaka, 2007, p. 45, pl. 60-63.

特征描述：壳面圆形，呈同心波曲，边缘区宽度通常达半径的1/2，具辐射状肋纹，长短不一，在10 μm内有16~18条；中央区孔纹粗糙，呈辐射状分散排列。细胞直径14 μm（图2-11）。

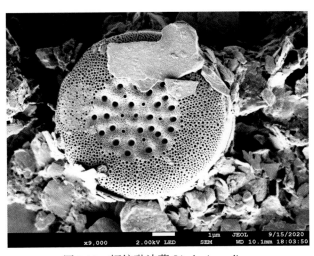

图2-11 辐纹琳达藻 *Lindavia radiosa*

该种曾在我国九寨沟地区被采集到(徐季雄等,2017)。

分布：沙湖。

（2）省略琳达藻

***Lindavia praetermissa* (Lund) Nakov**

鉴定文献：Tanaka, 2007, p. 43, pl. 56-59.

特征描述：壳面圆形，几乎平坦，直径8.3~11.0 μm。中央区有许多大小均匀的点纹，中央区点纹分散排列，边缘线纹较短（图2-12）。

本种喜生活在湿地和河流中。

分布：乌梁素海。

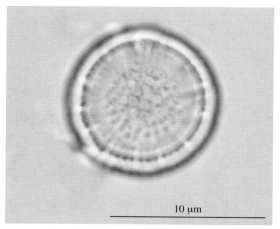
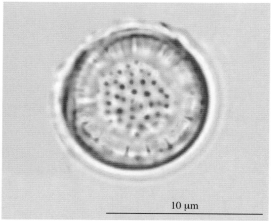

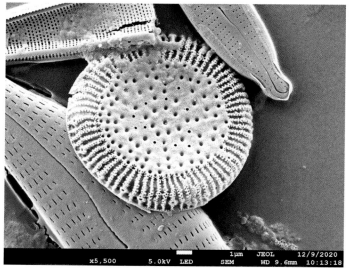

图2-12 省略琳达藻 *Lindavia praetermissa*

直链藻目 Melosirales

直链藻科 Melosiraceae

直链藻属 *Melosira* Agardh, 1824

植物体由壳盘胶质使壳面互相连成链状群体。壳体细胞圆柱形，极少数圆盘形、椭圆形或球形；壳面圆形，平或凸起，有或无纹饰，有的带面常有1条线形的环状缢缩，称"环沟（sulcus）"，环沟间平滑，其余部分平滑或具纹饰，有2条环沟时，两条环沟间的部分称"颈部"，细胞间有沟状的缢入部，称"假环沟"，壳面常有棘或刺；色素体小圆盘状，多数。带面结构可以参考沟链藻属带面结构示意图（图1-6）。该属区别于沟链藻属的重要特征是，光学显微镜下无法看到连接相邻细胞的刺，而是靠胶质相连。

复大孢子在此属较为常见。

此属是主要的淡水硅藻之一，生长在池塘、浅水湖泊、沟渠、水流缓慢的河流及溪流中。

此属在黄河中仅发现1种。

（1）变异直链藻

Melosira varians Agardh

鉴定文献：Hustedt, 1927, p. 240, fig. 100; Qi et al., 1995, p. 34, fig. 41.

特征描述：群体链状，细胞彼此紧密连成；群体细胞圆柱形，壳盘面平，盘缘向下弯曲，具极细的齿；壳套面环状，壳壁略薄而均匀；假环沟狭窄，无环沟和颈部；内外壳套线平行；仅在分辨率高的显微镜下能观察到外壁具极细的点纹。细胞直径7 ～ 35 μm，高4.5 ～ 14.0（～ 27.0）μm。

此种类常生活在各类型的内陆水体或泥中，常在夏天的富营养型湖泊或中污染水体中大量出现，喜碱性水体，偶然性浮游生活，为有机污染水体的指示生物。广布性种类，是世界性普生种（图2-13）。

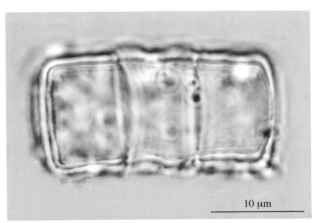

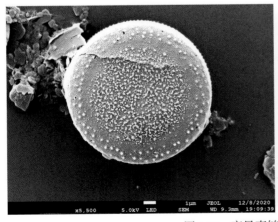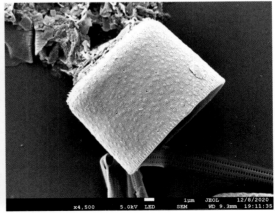

图2-13 变异直链藻 *Melosira varians*

分布：东平湖、武陟渠首、南村、高崖寨、王庄桥南、韩武村、万家寨水库。

沟链藻科 Aulacoseiraceae

沟链藻属 *Aulacoseira* Thwaites, 1848

细胞壳面圆形，通过棘刺等结构相连，形成线形链状群体，带面观更易被观察到。细胞长链状，连接成紧密的链状群体。壳面圆形且较平，具有散生的网孔。壳套面上的网孔形状简单，通常呈圆形或矩形。

该属从直链藻属分出，形态相似，不同之处在于壳面通过分裂刺结构相连，并非胶质，分裂刺是该属植物的显著特征，带面形态结构参考见图1-6。该属种类生长在池塘、浅水湖泊、沟渠、水流缓慢的河流中。多数种类普遍分布。

此属在黄河流域发现了2种。

（1）矮小沟链藻

Aulacoseira pusilla (Meister) Tuji & Houk

鉴定文献：Tuji & Houki, 2004, p. 35-54.

特征描述：细胞圆柱形，连接成紧密的链状群体，壳体直径较小。壳面直径5 ～ 6 μm，高3 ～ 5 μm，线纹在光镜下较模糊（图2-14）。

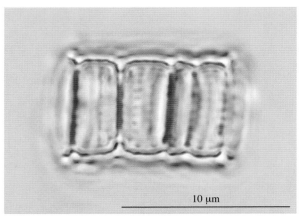

10 μm

图2-14　矮小沟链藻 *Aulacoseira pusilla*

此种类曾在长江下游干流有采集记录，为常见种，数量多（才美佳，2018）。

分布：东平湖。

（2）颗粒沟链藻

Aulacoseira granulate (Ehrenberg) Hustedt

鉴定文献：Hustedt, 1927, p. 248, fig. 104; Qi et al., 1995, p. 13, fig. 13.

特征描述：群体长链状，细胞以壳盘缘刺彼此紧密连成；群体细胞圆柱形，壳盘面平，具散生的圆点纹，壳盘缘除两端细胞具不规则的长刺外，其他细胞具小短刺；点纹形状不规则，常呈方形或圆形，端细胞为纵向平行排列，其他细胞均为斜向螺旋状排列，点纹多型，为粗点纹、粗细点纹、细点纹；壳套面发达，壳壁厚，环沟和假环沟呈 V 形；具深嵌的较薄的环状体；颈部明显。点纹 10 μm 内 8 ～ 15 条，每条具 8 ～ 12 个点纹；细胞直径 4.5 ～ 21.0 μm，高 5 ～ 24 μm（图2-15）。

此种类是我国发现的非海相沉积的硅藻土成矿硅藻的主要种类。在现代湖泊中，常在夏季大量出现，有些地区还可大量繁殖形成水华，是一种污染生物。常在各类淡水水

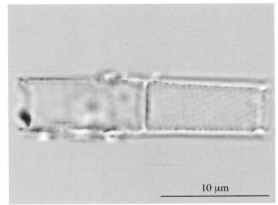
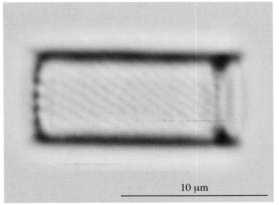

图2-15 颗粒沟链藻 *Aulacoseira granulate*

体中出现，尤其在富营养型的湖泊和池塘中大量出现。在我国各地均有采集记录，为世界性普生种。

分布：东平湖、建林浮桥、丁字路口、南山、龙门大桥、白马寺、岳滩、七里铺、花园口、潼关吊桥、沙王渡、万家寨水库、三盛公。

羽纹纲 Pennatae

脆杆藻目 Fragilariales

脆杆藻科 Fragilariaceae

脆杆藻属 *Fragilaria* Lyngbye, 1819

细胞壳面周缘的小刺相连接成为长的带状群体，有的种类其群体中细胞的连接处产生狭长的裂缝，呈窗纹状，有些种类则报道是单生的，壳面线形、披针形或椭圆形，少数种类呈三角形或四角形，在中部常有缢缩或膨胀，两端钝圆成小头状或喙状。无间生带和隔膜，但某些海生种和咸水种具间生带。细胞壁具横向均匀分布的细点状线纹。没有特殊的横肋纹。两个壳面均有假壳缝，假壳缝窄或宽披针形。壳面大多数对顶轴和横轴对称。中央区有或缺如，或因中央区在单侧发育而对顶轴不对称。色素体单个、片状或多个小盘状。休眠孢子仅在几个海生种中存在。

本属与针杆藻属（*Synedra*）形态相似，主要是生活类型不同，本属在自然状态下细胞以壳面周边的刺连接而成长带状群体。而针杆藻则不如此，在自然状态下细胞以一端簇生而成针状物的簇生群体，不形成长的带状群体，偶尔也有细胞刚分裂后成短的带。

在扫描电子显微镜（SEM）下观察，本属唇形突仅一个，位于壳面一端或无唇形突。而针杆藻有两个唇形突，分别位于两端。

Round（1991）提到脆杆藻属（*Fragilaria*）和针杆藻属的另一个有效区别是线纹类型，脆杆藻是互生线纹，而针杆藻是对生线纹，线纹在顶端缺失。但他也指出线纹排列不是两属的惟一特征，例外的情况也偶尔有之。第二个区别是唇形突在针杆藻两端都有。第三个区别是在针杆藻中壳体联合部紧密闭合，而脆杆藻中是开放的。第四个区别是顶孔区在两属中发育程度不同，脆杆藻的发育弱或缺失此种结构。

本属种类淡水型占优势，常见于池塘、水沟、缓流的河流和湖泊等水体中。现生种类和化石种类都存在。

本属在黄河流域中发现5种，其中2个为变种。

（1）克罗顿脆杆藻

Fragilaria crotonensis Kitton

鉴定文献：Crawford et al., 1985, p. 473-485; Qi et al., 2004, p. 47, pl. III, fig.17.

特征描述：细胞以壳面连成带状群体。带面观中部及两端贯壳轴加宽，群体细胞相连仅在中部或两端，而相连的中部到两端之间形成一个披针形区域。壳面线形，中部较宽，末端略头状。壳面长34～89 μm，壳面2～4 μm，横线纹平行排列，在10 μm内有12～18条。壳面中部有一个长方形中央区（图2-16）。

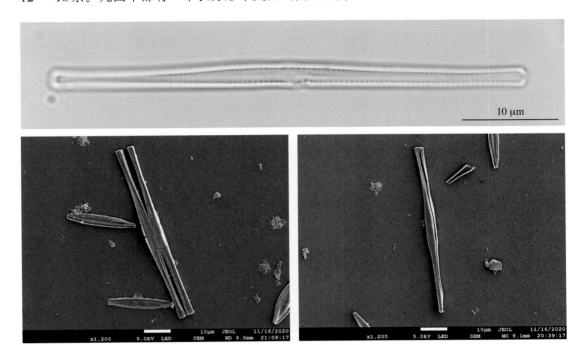

图2-16 克罗顿脆杆藻 *Fragilaria crotonensis*

此种类常出现在江河、湖泊、水库、水坑、池塘、盐池、潮湿地表、沼泽、水沟中。在我国多地均有采集记录(齐雨藻和李家英，2004)。

分布：东平湖、建林浮桥、黄河口湿地、利津水文站、武陟渠首、沁阳伏背、拴驴泉、南山、白马寺、洛宁长水、陶湾、渭河宝鸡市出境、卧龙寺桥、陈旗村、西寨大桥、赛尔龙、唐乃亥、龙羊峡水库入水口、龙门、王庄桥南、柏树坪、汾河水库出口、万家寨水库、头道拐、红圪卜、上海石村、边墙村、扎马隆、沙柳河入青海湖口、玛多黄河沿、鄂陵湖、博湖。

（2）沃切里脆杆藻小头变种

Fragilaria vaucheriae var. *capitellata* (Grunow) Ross

鉴定文献：Zhu et al., 2000, p. 107. pl. 6, fig. 15; Qi et al., 2004, p. 58, pl. IV, fig.18.

特征描述：细胞连成短链状群体，偶尔单生；壳面披针形，两侧弧形，两端具短喙状凸起，呈头状；假壳缝很狭窄、线形，中央区一侧壳缘增厚、略凸出，无横线纹，另一侧具短的横线纹。线纹细，在10 μm内16～20条。细胞长16～45 μm，宽2～7 μm。带面长方形。此变种与原变种的不同在于此变种壳面两端具短喙状凸起，末端明显呈小头状（图2-17）。

此种类为淡水普生种，常在水沟、静水中浮游或附生在石壁上。在我国多地均有采集记录 (齐雨藻和李家英等，2004)。

分布：沙湖、乌梁素海。

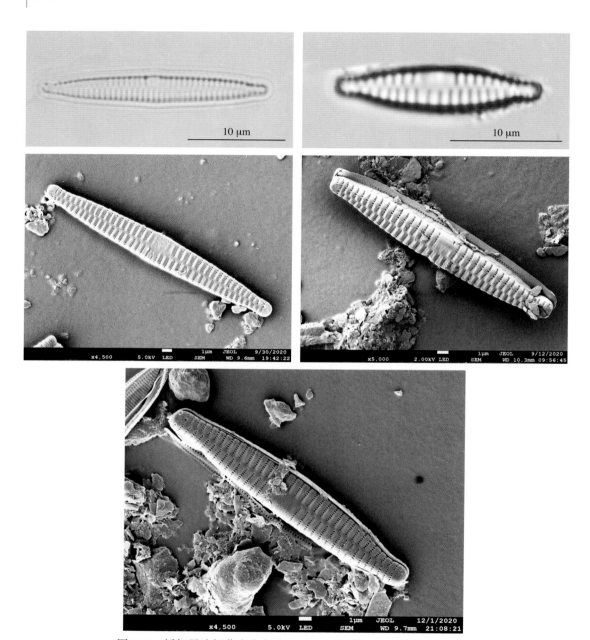

图2-17   沃切里脆杆藻小头变种 *Fragilaria vaucheriae* var. *capitellata*

（3）钝脆杆藻

Fragilaria capucina Desmaziéres

（3a）钝脆杆藻原变种

Fragilaria capucina var. capucina Desmaziéres

鉴定文献：Qi, 2004, p. 42, pl. III, fig. 14, pl. XXXII, figs. 16-17.

特征描述：单体生活，或以壳面连为紧密的带状群体。壳面长线形，向两端渐狭，末端略膨大，钝圆。壳面长25～134 μm，宽2～7 μm。假壳缝窄，线性，中央区明显，形成一个长方形的无纹中央区。横线纹左右交错排列，在每10 μm内有8 ~ 17条（图2-18）。

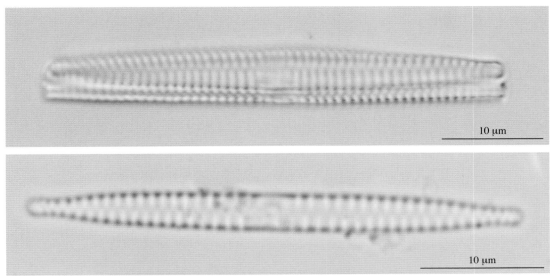

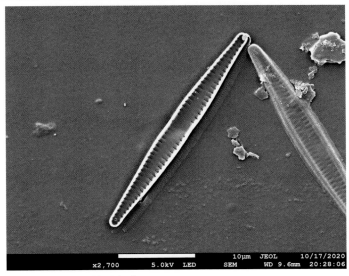

图2-18　钝脆杆藻 *Fragilaria capucina* var. *capucina*

该种是淡水普生性种类，有时也会发现于半咸水中，附生或浮游生活。在我国吉林、辽宁、新疆、陕西、广西、云南、湖南等地均有采集记录。

分布：玛曲、东平湖、黄河口湿地、武陟渠首、拴驴泉、大横岭、白马寺、岳滩、潼关吊桥、柏树坪、万家寨水库、头道拐、鄂陵湖、博湖。

（3b）钝脆杆藻披针形变种

***Fragilaria capucina* var. *lonceolata* Grunow**

鉴定文献：Grunow, 1881, p. 255, fig. 22.

特征描述：此种类与原变种的不同在于本变种壳面为披针形，向两端渐狭，末端略头状。壳面长22～82 μm，壳面宽3.7～7.0 μm，横线纹在10 μm内有13～15条（图2-19）。

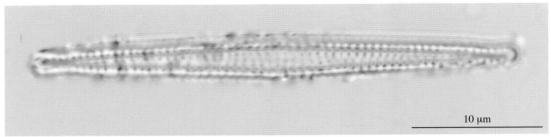

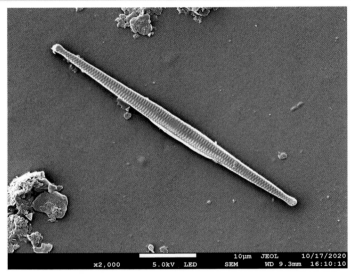

图2-19 钝脆杆藻披针形变种 *Fragilaria capucina* var. *lonceolata*

此种类常在河流、湖泊、水库、水坑、池塘、盐池、潮湿地表、沼泽、水沟中发现。为淡水普生性种类，附着或浮游生活。

分布：东平湖、建林浮桥、黄河口湿地、利津水文站、武陟渠首、沁阳伏背、拴驴泉、南山、白马寺、洛宁长水、陶湾、渭河宝鸡市出境、卧龙寺桥、陈旗村、西塞大桥、赛尔龙、唐乃亥、龙羊峡水库入水口、龙门、王庄桥南、柏树坪、汾河水库出口、万家寨水库、头道拐、红圪卜、上海石村、边墙村、扎马隆、沙柳河入青海湖口、玛多黄河沿、鄂陵湖、博湖。

（4）相近脆杆藻

Fragilaria famelica (Kützing) Lange-Bertalot

鉴定文献：Hedwigia, 1980, p. 723-787, pl. 16.

特征描述：带面观线形至长方形。壳面线形，或多或少突然地收缩而形成渐狭的圆形末端。假壳缝窄，清晰。无中央区，偶见也非常小。壳面长26～48 μm，壳面宽2.5～3.0 μm。横线纹平行排列，在10 μm内有16～18条（图2-20）。

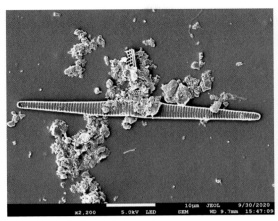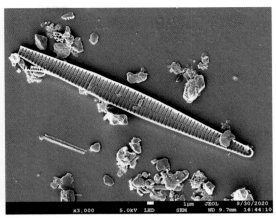

图2-20 相近脆杆藻 *Fragilaria famelica*

此种类常生活于慢流水体中，易见于冷水中。在我国山西曾有采集记录(齐雨藻和李家英，2004)。

分布：乌梁素海。

假十字脆杆藻属 *Pseudostaurosira* Williams & Round, 1988

细胞可以通过壳面紧密相连形成丝状群体，带面观近似矩形。壳面线性到椭圆形，某些种类壳面边缘波曲，有些壳面呈"十"字形，两端喙状或头状。壳面线纹较短，单列，由椭圆形的孔纹组成。该属从脆杆藻属分出，其主要区别是壳面线纹不同，该属种类壳面线纹较短，单列，由椭圆形的孔纹组成。

本属在黄河流域发现2种。

（1）寄生假十字脆杆藻

Pseudostaurosira parasitica **Krammer & Lange-Bertalot**

鉴定文献：Round et al., 1990, p. 356.

特征描述：壳体较小，壳面近菱形，末端延伸呈小头状。线纹短，微辐射排列。横

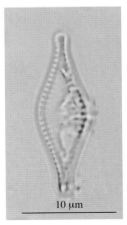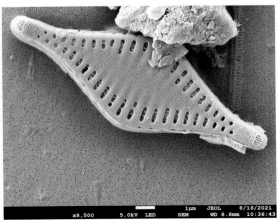

图2-21 寄生假十字脆杆藻 *Pseudostaurosira parasitica*

线纹在10 μm内16 ～ 18条。细胞长16 ～ 17 μm，宽4.5 ～ 5.0 μm（图2-21）。

此种曾在珠江水系东江流域(刘静等，2013)和常见长江下游的安庆(才美佳，2018)有采集记录。

分布：乌梁素海、大横岭。

（2）假十字脆杆藻

Pseudostaurosira sp.

特征描述：壳体较小，壳面披针形到椭圆披针形。线纹短，平行或微辐射排列。壳缘有一轮刺突，孔纹椭圆形。10 μm内10 ～ 14条。细胞长30 ～ 45 μm，宽4 ～ 7 μm（图2-22）。

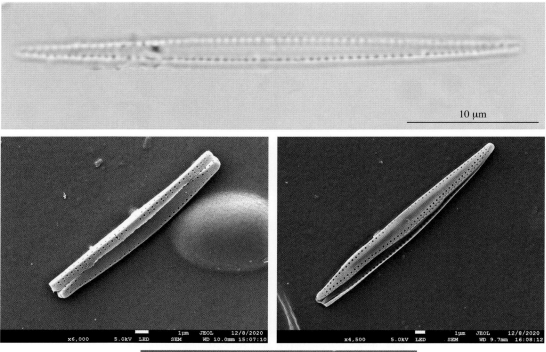

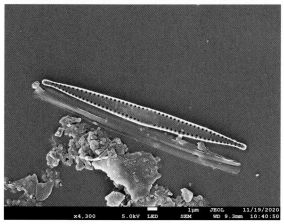

图2-22　假十字脆杆藻 *Pseudostaurosira* sp.

该种与短线假十字脆杆藻最为接近，不同之处在于中央区线纹，本种类中线渠左右线纹有所不同，一侧有孔纹，一侧则为空白区；而短线假十字脆杆藻中央区左右线纹对称(罗粉等，2019)。因此本种尚未被定名，可能为新种。

分布：武陟渠首、拴驴泉、高崖寨、岳滩、峡塘。

平格藻属/平片藻属 *Tabularia* (Kützing) Williams & Round, 1986

该属细胞单个存在或簇生，但细胞之间彼此不相连，壳面窄线形到披针形，两端呈圆形、喙状或头状；线纹短，导致轴区很宽（通常近似为整个壳面宽度的1/3 ～ 1/2）；壳面无中央区，但在两端具极区；每个细胞至少有三个结合带。

此属是Willians和Round在1986年建立的新属(Williams & Round, 1986)，其中不少种类从针杆藻划分出来。概述鉴定特征：①线形至披针形的壳面，壳面无壳缝；②通常具有宽的中央胸骨；③孔纹开口被筛板所遮拦；④壳瓣末端具有壳套顶孔区。可见，该属与针杆藻属明显的区别在于，本属孔纹开口被筛板所遮拦，形成特殊的孔纹开口，而针杆藻是普通的孔纹形成的(袁莉等，2022)。

本属在黄河流域发现2种。

（1）簇生平格藻
Tabularia fasciculata (Agardh) Williams & Round

鉴定文献：Bey et al., 2013. p. 279, figs. 1-14.

特征描述：壳面线形至线形披针形，向两端逐渐狭窄，末端小头状。壳面长20 ～ 50 μm，宽2 ～ 8 μm。没有明显的中央区，横线纹较短，中部平行排列，在每10 μm内有13 ～ 15条。壳面具有一个唇形突，位于近末端（图2-23）。

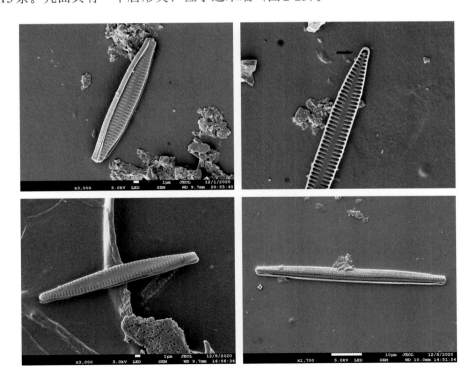

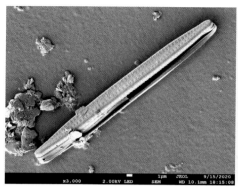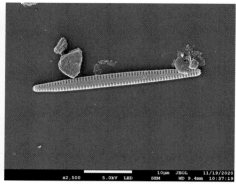

图2-23　簇生平格藻 *Tabularia fasciculata*

此种在长江口（才美佳，2018）、汉江上游（谭香和刘妍，2022）、鄱阳湖（杨琦，2020）中曾有采集记录。

分布：乌梁素海、龙羊峡水库入水口、东平湖、沙湖。

（2）平片平格藻

***Tabularia tabulate* Krammer & Lange-Bertalot**

鉴定文献：Krammer & Lange-Bertalot, 1991, p. 500, pl. 135, fig. 1.

特征描述：该属细胞单个存在或簇生，但细胞彼此不相连。壳面长30～120 μm，宽2～5 μm。壳面呈长线形，两端呈尖圆形；横线纹短，在10 μm内10～18条。此种尺寸大小变动很大（图2-24）。

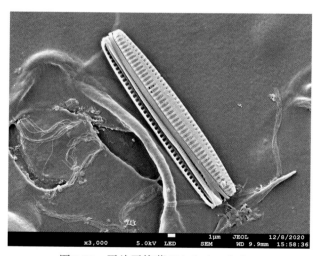

图2-24　平片平格藻 *Tabularia tabulate*

此种类是喜盐性种类，但在淡水中也可生活，如湖泊、河流急流岩石上、沼泽、水塘、水坑和稻田中。在我国多地均有采集记录（齐雨藻和李家英，2004）。

此种在《中国淡水藻志》中被命名为平片针杆藻（*Synedra tabulate*）（齐雨藻和李家英，2004），经电子显微镜照片仔细辨别，笔者认为应将其归入平格藻属，刘静等（2013）在

《珠江水系东江流域底栖硅藻图集》一书上也将其归入平格藻属。

分布：乌梁素海、龙羊峡水库出水口、汾河水库出口。

肘形藻属 *Ulnaria* (Kützing) Compère, 2001

壳面呈长披针形至细长线形，两侧线纹对称，两端逐渐狭窄，末端钝圆。中轴区线性。两端孔区各有1个唇形突和1～2个刺。壳面两末端壳套处具近似眼斑状的顶孔区 (Liu et al., 2017)。带面长方形。色素体多数为小盘状或片状。

此属种类在水坑、溪流和湖泊等水体中均有分布。

该属的种类多数从针杆藻属分出 (Tuji, 2009)，主要鉴别特征是假壳缝窄，两侧线纹对称，中央区横矩形。

本属在黄河流域仅发现1种。

（1）尖肘形藻

Ulnaria acus (Kützing) Aboal

鉴定文献：Krammer & Lange-Bertalot, 1991, p. 470, pl. 120, fig. 2.

特征描述：壳面线形，中部较宽，末端近头状。壳面长100～170 μm，宽1.0～4.5 μm。线纹对生，平行排列，在10 μm内12～16条（图2-25）。

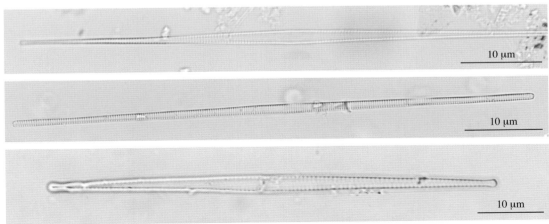

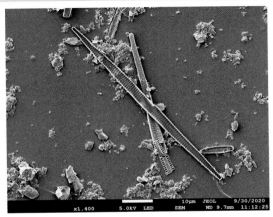

图2-25 尖肘形藻 *Ulnaria acus*

淡水生活，尤其是在河流、水库、水田中易于分布。在我国山西、四川、广西等多地有采集记录。

此种在《中国淡水藻志》中被命名为尖针杆藻(*Synedra acus*)(齐雨藻和李家英，2004)，经电子显微镜照片仔细辨别，此种具有矩形中央空白区，因此将其归入肘形藻属。

分布：乌梁素海。

栉链藻属 *Ctenophora* (Grunow) Williams & Round, 1986

壳面线形或披针形，中央区明显加厚，具微弱模糊的线纹；两端在接近轴区附近各具一个唇形突。活体细胞可在底质上通过黏质垫形成簇状群体。本属由针杆藻属(*Synedra*)演变而来。

该属在黄河发现1种。

（1）美小栉链藻

Ctenophora pulchella Williams & Round

鉴定文献：Bey et al., 2013, p.189, figs. 1-11.

特征描述：壳面线形披针形或披针形，两端呈头状或圆形，壳面长 96.5 ～ 113.2 μm，宽 4.0 ～ 5.5 μm。中央区加厚且延伸至壳面边缘，中轴区窄。线纹由明显的点纹组成，线纹在 10 μm 内有 15 ～ 19 条（图2-26）。

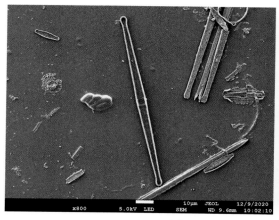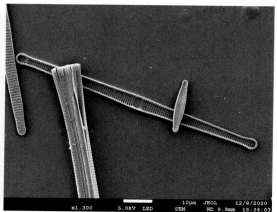

图2-26　美小栉链藻*Ctenophora pulchella*

本种在我国广东、黑龙江等地有记录。

分布：拴驴泉、大横岭、南山、高崖寨、沙王渡、若尔盖、唐乃亥、博湖。

蛾眉藻属 *Ceratoneis* Ehrenberg, 1841

壳体形成短带状，壳环面观壳体是弯曲的，壳面观呈弓形，背缘凸出，腹缘凹入或近乎平直的，但在腹缘的中央是膨大的。假壳缝窄，明显，常呈线形；中心区在腹缘一侧膨大并形成一个无纹空白区。壳体在顶轴向是不对称的，在横轴向是对称的。

该属属于脆杆藻科（Fragilariaceae），本科包括的属中，蛾眉藻属与脆杆藻属（*Fragilaria*）和针杆藻属（*Synedra*）相近，但主要区别是此属在壳环面和壳面观都是弯曲的。蛾眉藻属（*Ceratoneis*）是Ehrenberg于1841年根据两种，即*C. closterium*和*C. fasciola* 首先确定的新属，但目前这两种已分别归到菱形藻属（*Nizschia*）和布纹藻属（*Gyrosigma*）。1844年，Kützing扩充了这个属。本书沿用了Ehrenberg提出的属名。本属种类主要分布在高原或高山溪流中。

该属在黄河发现有2种。

（1）弧形蛾眉藻
Ceratoneis arcus (Ehrenberg) Kützing

鉴定文献：Patrick, 1966, p.132, pl. 4, fig. 20.

特征描述：壳体带面观是弯形的，形成短带状。壳面弓形，有凸出的背缘，腹缘除中央区外是凹入的，末端呈喙状至头状。壳面长15～95 μm，壳面宽4～10 μm。假壳缝明显，窄，中心区仅在腹缘一侧形成膨大的假节，假节内无线纹或偶见浅线纹。横线纹平行排列逐向末端微微辐射状，在10 μm内有13～14条，末端可达18条。本种据Ehrenberg 的记载，其壳面长度是宽度的2～10倍（图2-27）。

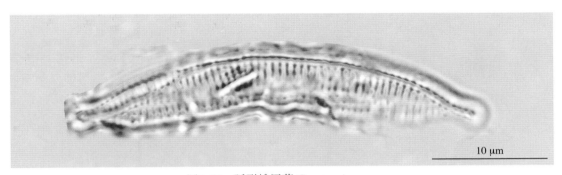

图2-27 弧形蛾眉藻 *Ceratoneis arcus*

此种类常见于泉水、河流、水塘和山溪中。在我国黑龙江、辽宁、陕西、四川、湖南、西藏、青海等地均有采集记录。

分布：红旗、潼关吊桥、葡萄园、龙门大桥、刁口河滨孤路桥。

（2）线性蛾眉藻
Ceratoneis linearis (Holmboe) Blanco

鉴定文献：Ross, 2013, p. 986, fig. 608.

特征描述：本种的壳面几乎呈线性，背缘微微凸起，腹缘除中央凸出外略微凹入，末端圆头状(Álvarez-Blanco & Blanco, 2013)。壳面长55～92 μm，壳面宽4.5～7.0 μm。横线纹10 μm内有14～19条（图2-28）。

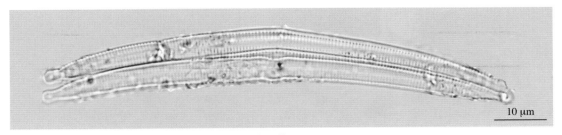

图2-28 线性蛾眉藻 *Ceratoneis linearis*

此种类主要常见于水渠中。在我国黑龙江、贵州等地有采集记录。

分布：红旗、潼关吊桥、龙门大桥、刁口河滨孤路桥。

网孔藻属 / 点纹藻属 *Punctastriata* Williams & Round, 1988

壳体较小，壳面椭圆形或类"十"字形。线纹为羽纹状肋纹，一般由小的圆点纹形成的网孔组成。线纹交错相对，中轴区形成窄的线形或披针形的无纹区。

本属的大部分种类由脆杆藻属（*Fragilaria*）分出，主要区别在于：本属线纹为羽纹状肋纹，脆杆藻属线纹为单列孔纹。

本属在黄河流域仅发现1种。

（1）相似网孔藻

Punctastriata mimetica Morales

鉴定文献：Morales, 2005, p. 128, figs. 59-73, 115-120.

特征描述：壳面近菱形，两端大小不同。壳面长7.7 ~ 22.0 μm，宽3.7 ~ 7.0 μm。肋纹明显，交错排列，每10 μm含有9 ~ 12条肋纹（图2-29）。

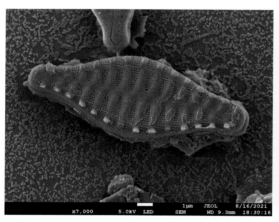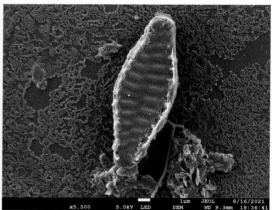

图2-29　相似网孔藻 *Punctastriata mimetica*

此种类曾在我国重庆、湖南、湖北等地有采集记录(刘红岩，2022)。

分布：拴驴泉、武陟渠首。

平板藻科 Tabellaraceae

等片藻属 *Diatoma* Candolle, 1805

壳体形成Z字形或线形群体，带面观长方形，间生带无隔膜。壳面线形到椭圆形，有两个对称面，壳面有横肋纹及其间的点线纹，黏液孔（唇形突）很清楚。

本属描述的术语解释如下：（1）胸骨（sternum），指壳面中央的脊，是最早硅质化的部分，这一结构将壳面划分为二，早先称之为假壳缝（pseudoraphe）或轴区（axial area）。在本属中胸骨凸出，基本硅质层高出于细胞壁，这一结构除在四环藻（*Tetracyclus*）中见到外，在其他无壳缝类则少有此种结构。（2）横肋纹（transapial ribs），指壳面上长而窄的硅质加厚横条，内壳面观此窄条凸出明显。横肋纹又分为3种：初生肋纹（primary ribs），指从一侧壳套到另一侧壳套均等延长的硅质凸出条，在胸骨处不中断。次生肋纹（secondary ribs），指从胸骨向一侧套延伸的横肋纹，仅占壳面的半边。三生肋纹（tertiary ribs），比次生肋纹短，靠近壳套且凸出不明显。（3）顶孔区（apical pore field），指壳面两端缺少横肋纹，却密布平行行列；羽状分枝行列和辐射行列的孔纹区域，在扫描电镜（SEM）下可观察得很清楚（图1-7）。

色素体椭圆形，多数。每个母细胞形成1个复大孢子。

本属主要是淡水种类，常出现在静水和流水以及泉水中，微咸水或半咸水中也偶见；多为沿岸带着生藻类。

本属在黄河流域发现3种。

（1）念珠状等片藻

Diatoma moniliformis (Kützing) Williams

鉴定文献：Williams, 1985, p. 117-128, pl. 3, figs. 24-30; Qi et al., 2004, p. 25, pl. I, fig.13.

特征描述：带状群体，带面观长方形。壳面线形到线状披针形，中部略膨大，末端椭圆或喙状或亚头状。壳面相当小，壳面长13.8 ～ 25.0 μm，壳面宽2.6 ～ 4.6 μm。横肋纹以初生肋纹为主，排列较均匀，在10 μm内有6 ～ 12条。壳面较长的标本在初生肋纹间有次生肋纹。在扫描电镜（SEM）下观察，肋纹间有横的点线纹，在10 μm内有40 ～ 50条，线纹由孔纹组成，在10 μm内有80个孔纹。壳面两端各有1个唇形突，嵌于最末一条肋纹之上。孔区所占面积小，孔区内孔纹形成辐射行列的线纹，在10 μm内有90条线纹和100个孔纹。胸骨极窄，细线形（图2-30）。

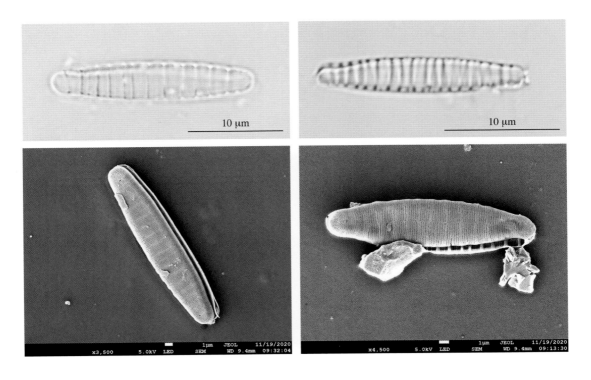

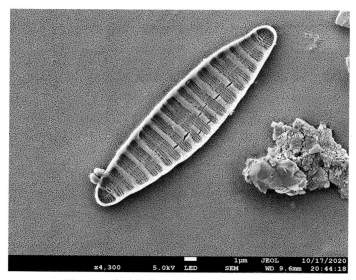

图 2-30　念珠状等片藻 *Diatoma moniliformis*

此种类常见于湖泊、河流、池塘、流水、沼泽中，着生。在我国北京、黑龙江、天津、内蒙古、山西、河北、河南、四川、西藏等地有采集记录。

本种由 Kützing 在 1833 年建立，称为 *Diatoma tenue* var. *moniliforme*。Hustedt (1959) 将此变种名称作为 *Diatoma elongatum* var. *tenue* Heurck 的一个异名。Wiliams (1986) 认为这个分类单元有特殊的结构：其壳面两端各具一个唇形突，嵌在最末一条肋纹上，小标本上全部肋纹都是初生的，不同于其他分类单元，应独立为种。故将其命名为念珠状等片藻（*Diatoma moniliformis*）。

分布：东平湖、黄河口湿地、五龙口、洛宁长水、葡萄园、切拉塘、汾河水库出口、边墙村、博湖。

（2）普通等片藻

Diatoma vulgaris Krammer & Lange-Bertalot

鉴定文献：Krammer & Lange-Bertalot, 2004, p. 95, fig. 91.

特征描述：细胞单生或排列成 Z 字形群体。带面观长方形，间生带数目少，贯壳轴高 8.3 μm。壳面线状披针形，中部微凸，末端宽喙状。壳面长 40 ~ 60 μm，壳面宽 12.0 ~ 15.4 μm。横肋纹在 10 μm 内有 6 ~ 8 条，有初生、次生及三生肋纹，间隔较均匀。肋纹间有横线纹。壳面末端仅一侧有一唇形突，靠近胸骨，但不是嵌在横肋纹上。在扫描电镜（SEM）下观察：胸骨窄线形，凸出。横线纹由孔纹组成，在 10 μm 内有 50 ~ 60 条线纹和 60 ~ 70 个孔纹。孔区内孔纹组成辐射排列的点线纹，在 10 μm 内有 90 条线纹。壳面边缘无刺（图 2-31）。

此种类是淡水普生性种类，在我国多地都有采集记录 (齐雨藻和李家英, 2004)。

分布：武陟渠首、拴驴泉、花园口、洛宁长水、沙王渡、切拉塘、唐乃亥、龙羊峡水库入水口、王庄桥南、柏树坪、韩武村、汾河水库出口、河西村、上海石村、李家峡、扎马隆、小峡桥、什川桥、鄂陵湖、博湖。

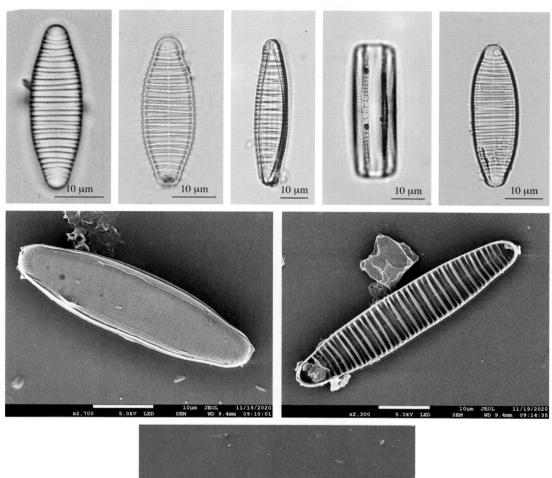

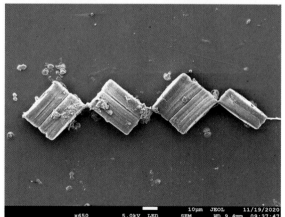

图 2-31　普通等片藻 *Diatoma vulgaris*

（3）中型等片藻

Diatoma mesodon (Ehrenberg) Kützing

鉴定文献：Krammer & Lange-Bertalot, 2004, p. 100, pl. 91, fig. 1.

特征描述：带状群体，带面观长方形至方形。壳面椭圆状披针形至菱形，中部两侧膨出。壳面长 15 ~ 22 μm，宽 5 ~ 10 μm。横肋纹在每 10 μm 内具有 4 ~ 6 条，分布不规则。横肋纹间有横线纹，横线纹在每10 μm内具有25～30条。胸骨宽，占壳面宽度的1/3～1/4，向两端变窄。在扫描电镜(SEM)下观察，带面观可见多个间生带。壳面肋纹间有孔纹组成的横线纹，在10 μm内有30条横线纹和60个孔纹。孔区所占面积较大，孔区内点线纹辐射排列，具顶孔区。唇形突1个，在壳面末端接近孔区。壳面边缘有小刺。胸骨上有离散孔纹（图2-32）。

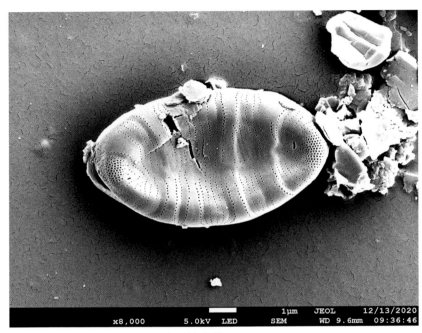

图2-32　中型等片藻 *Diatoma mesodon*

此种类常见于湖泊、池塘、山溪中，着生。在我国多地都有采集记录。

分布：门堂。

短壳缝目　Eunotiales

短壳缝科　Eunotiaceae

短缝藻属　*Eunotia* Ehrenberg, 1837

藻类为单细胞或细胞互相连成带状群体，可附着在黏质柄上。细胞月形、弓形，背缘凸出，常成波曲状弯曲，腹缘平直或凹入。该属细胞壳缝短，从壳套面开始，壳缝轻微或明显向壳面弯曲延伸，因此壳缝通常仅在带面观可见；壳面沿横轴对称，沿顶轴不对称，壳面背侧凸起，平缓或波曲，腹侧直或凹下；线纹单列，贯穿整个壳面。

本属主要生长在淡水中，多存在于贫营养的清水水体中、pH偏酸性的软水中，浮游或附着在基质上。

本属在黄河流域仅发现1变种。

（1）弧形短缝藻双齿变种

Eunotia arcus var. _bidens_ Grunow

鉴定文献：Ehrenberg, 1843, p. 362, pl. 57, figs. 1-4.

特征描述：细胞长30～45 μm，宽5～7 μm。壳面背侧拱形，具两个隆起的峰，且均匀分布，腹侧凹，两端呈明显头状，端节大而明显；线纹较细，10 μm内15条（图2-33）。

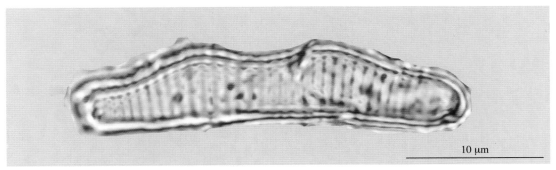

图2-33 弧形短缝藻双齿变种 _Eunotia arcus_ var. _bidens_

此种类常在中性或微酸性的湖泊、山泉及静水和水塘中被发现，在我国西藏、广东地区均有采集记录。

分布：沁阳伏背。

舟形藻目 Naviculales

桥弯藻科 Cymbellaceae

双眉藻属 _Amphora_ Kützing, 1844

壳体具有明显的背腹之分，壳面观其纵轴呈弯曲形，致使壳面两侧呈不对称（图1-5）。但横轴呈直线，使壳面上下呈对称。从壳体的横切面观察，其贯壳轴也呈弯曲形，而使背腹也明显地不对称：背侧宽，腹侧窄，但上下是对称的（图1-5：5）。横切面观呈弯肠形、梯形或等边三角形（图1-5：5）。从壳体的背侧至腹侧依次为：带面背侧、背壳套及其剩余面（常称剩余面）、壳缝面和带面腹侧（图1-5）。剩余面和壳缝面之间常有一条纵向狭长的线性透明区把它们分开；剩余面具横线纹；壳面包括背侧线纹区、轴区、壳缝和腹侧线纹区（图1-5：b, r, c, d, e）。带面的背侧和腹侧有或无间插带，间插带常具纵向排列的短纹或细点（图1-5：f, g）。壳缝略凸出于壳平面，线性、直向、弯曲形或S形。远缝端常超过背线纹而弯向背侧，少数呈直向或弯向腹侧。极节区通常不明显。线纹常由单列点纹组成，点纹或粗或细，有时呈短线状。背侧线纹较长而明显，腹侧线纹较短，有时不明显。无孤点，无顶孔区。常营自由漂浮生活或附着生活，但不产生胶质柄。

此属种类多数（300多种）生活在海洋中，仅40多种生活在内陆水体中（包括淡水、半咸水和咸水），淡水种类较少。

本属在黄河流域发现5种。

（1）虱形双眉藻

Amphora pediculus (Kützing) Grunow

鉴定文献：Schmidt, 1875, pl. 26, fig. 99.

特征描述：壳面半椭圆形；背缘弓弧形；腹缘常平直形，有时略凹弧形或中部略膨大凸起；两端钝尖圆形，有时略弯向腹侧；带面观椭圆形或卵圆形，端部平截。壳缝向背侧略弯曲；近缝端弯向背侧；远缝端偶也背折。轴区窄，线形。中央区较宽大，呈横矩形，向腹侧可延伸至缘边（而无中央线纹）；向背侧也可延伸至靠近缘边，有时直至缘边而无中央线纹（有时具1～3条短中央线纹）。背侧线纹平行或略放射状排列，由于有规则地间断而形成数条纵向的线形空白纹；腹侧线纹很短，紧靠缘边；线纹通常在10 μm内有15～20条（有时较疏仅12～14条，有时较密可达25条）。壳面长为7～20 μm（有时可达30 μm），宽3～9 μm；壳体宽（带面）6～17 μm（图2-34）。

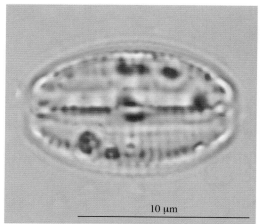
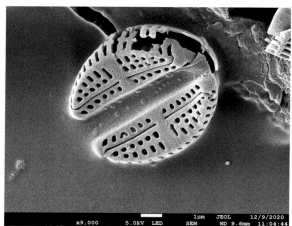
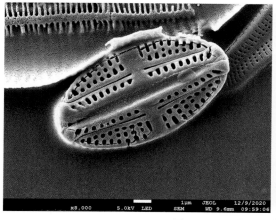
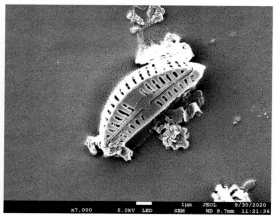

图2-34　虱形双眉藻 *Amphora pediculus*

此种类主要生活在淡水环境中，偶尔也会在半咸水和咸水中观察到。广布性种类，是常见种。

分布：乌梁素海。

（2）结合双眉藻

Amphora copulate (Kützing) Schoeman & Archibald

鉴定文献：Schoeman & Archibald, 1986, p. 429, figs. 11-13, 30-34.

特征描述：细胞长12～62 μm，宽4～10 μm，壳体宽（带面）10～20 μm。壳面具有背腹之分，呈线状披针形；背缘边缘凹入；顶端钝圆，略弯向腹侧。壳缝平滑拱形，位于抬高的壳缝肋条中，近缝端和远缝端都弯向背侧。轴区窄，位于腹侧边缘。腹侧中央空白区延长至壳面边缘，在纵向宽于背侧空白区；背侧空白区明显，但不与轴区和背侧边缘相连；背侧线纹在壳面中间略呈辐射状，在两端呈明显辐射状，两端渐汇聚；线纹10 μm内14～17条(Stepanek & Kociolek, 2013)（图2-35）。

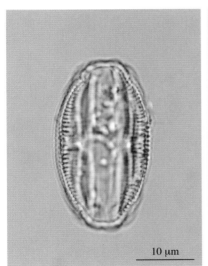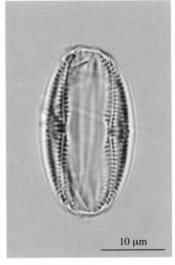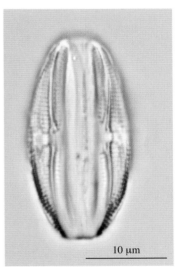

图2-35　结合双眉藻 _Amphora copulate_

此种类在我国鄱阳湖有采集记录。

分布：黄河口湿地、陶湾、唐克、汾河水库出口、河西村、上海石村。

（3）花柄双眉藻

Amphora pediculus (Kützing) Krammer & Lange-Bertalot

鉴定文献：Schmidt, 1875, p.80, pl. 26, fig. 99.

特征描述：细胞长6～16 μm，宽2.5～4.0 μm。壳面半椭圆形，小个体种类也呈半圆形，两端呈圆形，有时略向腹侧弯曲，背侧边缘拱形，腹侧边缘直或略凹；轴区窄，壳缝直，近壳缝端直，远壳缝端向腹侧弯曲；背侧和腹侧均具明显的中央空白区；背侧线纹在中间平行，两端略呈辐射状，腹侧线纹由单个点孔组成，背侧线纹由长裂缝组成，在中间呈辐射状，两端渐汇聚；壳面线纹10 μm内18～24条（图2-36）。

此种类在我国东江干流及其流域有采集记录。

分布：刁口河滨孤路桥、汾河水库出口。

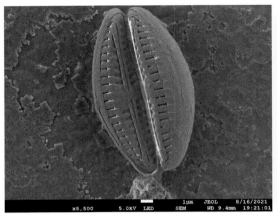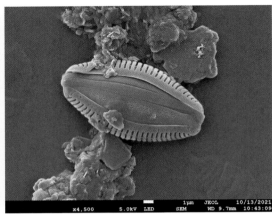

图2-36 花柄双眉藻 *Amphora pediculus*

（4）诺氏双眉藻

Amphora normanii **Rabenhorst**

鉴定文献：Carter & Round, 1993, p. 8, figs. 19-20, 30-35.

特征描述：细胞长 14 ~ 18 μm，宽 4 ~ 5 μm，壳体宽（带面）7 ~ 9 μm。此种类壳缝很特殊，近缝端弯向背侧，远缝端也弯向背侧；背侧轴区十分明显，腹侧轴区不明显；线纹呈辐射状排列，10 μm 内 18 ~ 24 条（图2-37）。

图2-37 诺氏双眉藻 *Amphora normanii*

此种为中国新记录种。

分布：若尔盖。

（5）近缘双眉藻

Amphora affinis **Kützing**

鉴定文献：Kützing, 1844, p. 107, pl. 30, fig. 66.

特征描述：壳面半椭圆形，两端钝圆形。长26 ~ 30 μm，宽5.5 ~ 6.0 μm。有明显的背腹之分，腹侧边缘直或略凹，背侧边缘拱形。壳缝略弯曲，线纹几乎平行排列，在10 μm内有14 ~ 15条（图2-38）。

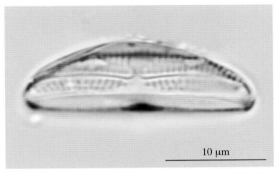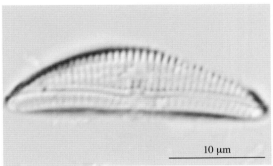

图2-38　近缘双眉藻 *Amphora affinis*

分布：切拉塘、博湖、鄂陵湖。

海双眉藻属/喜盐双眉藻属　*Halamphora* (Cleve) Levkov, 2009

细胞单生。壳面半披针形，背缘弓弧形，腹缘平直或略凹弧形；末端偶成喙状或头状；带面观椭圆形，两端宽圆形。腹缘中部略凸出。间插带的纵列纹上或具细密短纹。壳缝平直或略呈S形弯曲，壳缝腹侧龙骨较背侧凸起。该属常出现在海洋及半咸水生境中，但也会出现在淡水生境中。

海双眉藻属（*Halamphora*）作为一个中国最近新使用属名，它的分类地位在历史上曾有多次变化，最早是1927年作为肋缝藻属（*Frustulia*）的种类报道的：*Frustlia coffeaeformis* Agardh。随后，在1853年，Smith 将该属一个种类放入双眉藻属（*Amphora*）报道：*Amphora salina* Smith W.。Cleve 于1894年在双眉藻属下建立了海双眉藻亚属 (Cleve, 1894; Vijver et al., 2014)，直到2009年，该亚属才被 Levkov Z. 提升到属的位置。本属与双眉藻属的主要区别在于：本属带面观为椭圆形，壳面观背侧通常具有空白区，而双眉藻属带面观为矩形，壳面观背侧通常无背侧空白区。通常本属腹侧的线纹非常短，仅局限于腹侧边缘，少数种类的腹侧线纹可延伸至壳缝 (Stepanek & Kociolek, 2013)。

本属在黄河流域发现5种。

（1）咖啡豆形海双眉藻

Halamphora coffeaeformis (Agardh) **Kützing**

鉴定文献：Agardh, 1827, p. 627, pl. 18, fig. 25.

特征描述：壳面的背缘呈较平缓的弓弧形；腹缘直向或略凹弧形；两端呈喙状或头状；带面观椭圆形，两端宽圆形，腹缘中部略凸出。间插带的纵列纹上具许多细密的短纹（在10 μm中具32 ～ 36条）。壳缝常略呈S形弯曲（有时近于平直），两端弯向背侧。轴区窄，线形。中央区不明显。背侧的壳缝区和剩余面之间透明区（呈线形）不明显。线纹在背侧，呈适度的放射状排列，在10 μm中有17 ～ 21条（中部）和20 ～ 22（端部）；腹侧的线纹很短且细密，边缘位，常在中部中断，在10 μm中有20 ～ 22条（中部）和约30条（端部）。壳面长15 ～ 40 μm，宽5 ～ 7 μm；壳体宽（带面）8 ～ 18 μm（图2-39）。

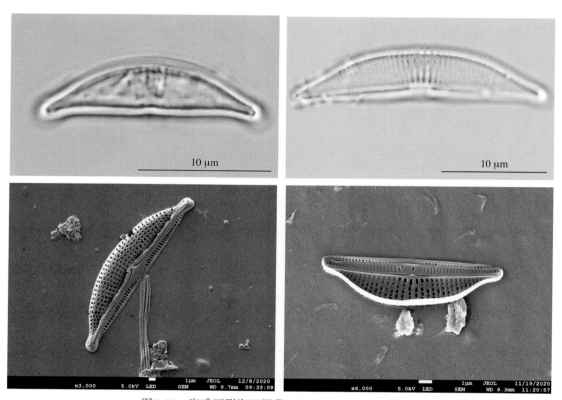

图2-39　咖啡豆形海双眉藻 *Halamphora coffeaeformis*

此种在《中国淡水藻志》中将其命名为咖啡豆形双眉藻（*Amphora coffeaeformis*）（施之新，2013），后Levkov Z.将其移入海双眉藻属。因此，笔者将其命名为咖啡豆形海双眉藻（*Halamphora coffeaeformis*）。

此种适应性强，能生长在淡水、半咸水甚至海水环境中，喜高电解质水体，为中盐性的碱性生物，常生长在河口，在我国山西的一咸水湖（盐池）中也有发现。分布较广，较常见。

分布：上兰、东平湖。

（2）细弱海双眉藻

Halamphora subtilis Stepanek & Kociolek

鉴定文献：Stepanek & Kociolek, 2013, p. 177-195, figs. 1-11.

特征描述：壳面的背缘呈较平缓的弓弧形；腹缘直向或略凹弧形；两端呈喙状或头状；带面观椭圆形，两端宽圆形，腹缘中部略凸出。间插带的纵列纹上具许多细密的短纹（在10 μm中具21 ～ 25条）。壳缝近于平直，两端壳缝弯向背侧。轴区窄，线形。中央区不明显。背侧的壳缝区和剩余面之间透明区（呈线形）不明显。线纹在背侧，呈适度的放射状排列，在10 μm中有46 ～ 48条，常有规律地间断而形成一条空白的纵向线性纹；腹侧的线纹很短且细密，边缘位。壳面长14 ～ 22 μm，宽2.5 ～ 5.0 μm，壳体宽（带面）8 ～ 15 μm（图2-40）。

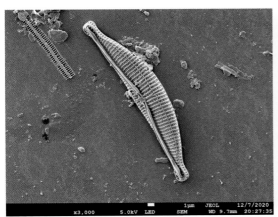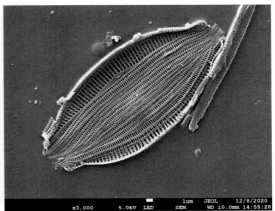

图2-40　细弱海双眉藻 *Halamphora subtilis*

分布：东平湖、乌梁素海。

（3）蓝色海双眉藻

***Halamphora veneta* (Kützing) Kieselsch**

鉴定文献：Levkov, 2009, p. 242, pl. 94, figs. 9-19; pl. 102, figs. 17-30; pl. 217, figs. 1-5.

特征描述：壳面半椭圆形或新月形；背缘呈较平缓的弓弧形；腹缘几乎平直或略凹弧形；两端略收缢凸出延伸呈头喙状（有时不明显）；且略弯向腹侧；带面观间插带具多条由短横纹组成的纵列线，短横纹在10 μm中约有26条(Prescott et al., 1975)。壳缝常略呈S形（有时近于直向），两端均弯向背侧。轴区窄（有时背侧特别窄），有时向中央区略扩大。中央区不明显。背侧线纹放射状排列，中部线纹的间距比端部的宽，在10 μm中15 ～ 20条（中部）和24 ～ 32条（端部）；腹侧线极短呈点状（有时在光学显微镜下观察，由于角度的原因，不易见到），紧靠腹缘，密度与背纹相近。壳面长14 ～ 49 μm，宽3 ～ 11 μm；壳体宽（带面）8 ～ 14 μm（图2-41）。

此种在《中国淡水藻志》中将其命名为蓝色双眉藻（*Amphora veneta*）（施之新，2013），后Levkov Z.将其移入海双眉藻属。因此，笔者将其命名为蓝色海双眉藻（*Halamphora veneta*）。

分布：乌梁素海。

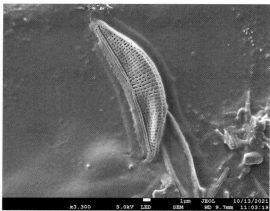

图2-41　蓝色海双眉藻 *Halamphora veneta*

（4）海双眉藻

Halamphora **sp.1**

特征描述：壳面的背缘呈弓弧形；腹缘直向或略凹弧形；壳面长20～23 μm，宽7～10 μm。壳缝位于腹侧边缘，近直线形，远缝端向背侧弯转。横线纹在10 μm内有18～24条。

其坚固的壳面和粗糙的横线纹很容易将其与其他海双眉藻分开，此种与 *Amphora manifesta* 形态最为接近，不同之处在于，*Amphora manifesta* 具有明显的背部中央空白区（Stepanek & Kociolek，2013），而此种类没有明显的背部中央空白区（图2-42）。

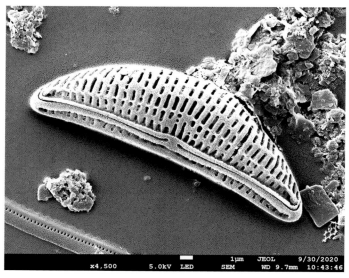

图2-42　海双眉藻 *Halamphora* sp.1

此种可能为新种。

分布：东平湖。

（5）海双眉藻

Halamphora sp.2

　　特征描述：壳面新月形，背缘凸出，有明显的背腹之分，壳面长14～20 μm，宽4～6 μm，线纹10 μm内30～35条，壳体宽（带面）7～10 μm。壳缝位于腹侧边缘，近直线形，远缝端向背侧弯转。其坚固的壳面和粗糙的横线纹很容易将其与其他海双眉藻分开，横线纹在10 μm内有12～14条。此种类没有明显的背部中央空白区，因此将其归入海双眉藻属（图2-43）。

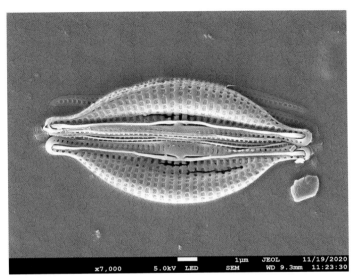

图2-43　海双眉藻 _Halamphora_ sp.2

　　此种可能为新种。

　　分布：乌梁素海、龙羊峡水库。

桥弯藻属　_Cymbella_ Agardh, 1830

　　植物体为单细胞，或为分枝或不分枝的群体，浮游或着生，着生种类细胞位于短胶质柄的顶端或在分枝或不分枝的胶质管中。壳面两侧不对称，明显有背腹之分，背侧凸出，腹侧平直或中部略凸出或略凹入，新月形、线形、半椭圆形、半披针形、舟形、菱形披针形，末端钝圆或渐尖。中轴区两侧略不对称，具中央节和极节。壳缝为典型的"桥弯藻属壳缝类型"，即壳缝多少偏腹侧位，在近中央区的近缝端呈侧翻状，近缝端端部的中央孔多少呈圆形的孔珠状或弯钩状，多少地弯向腹侧；远缝端多线性，少呈侧翻状，端缝总是弯向背侧。壳缝略弯曲，少数近直，其两侧具横线纹，一般壳面中间部分的横线纹比近两端的横线纹略为稀疏，在种类的描述中，在10 μm内的横线纹数指壳面中间部分的横线纹数。带面长方形，两侧平行，无间生带和隔膜；色素体侧生、片状，1个。

　　在桥弯藻科中原来只有双眉藻属（_Amphora_）和桥弯藻属（_Cymbella_）两个属，而且桥弯藻属的种类很多，达1 000多个分类单位（包括变种和变型，也有不少是无效发表；Landingham，1996）。现在Krammer把桥弯藻科分成了8个属，这样原本的桥弯藻属许多种类被分出来，归在了其他属(Mann, 1981)。但是还有很多种类被留下，仍在桥弯藻属中。应当指出的是被留下的种类中仍有不少它们的归属问题还没有确定，因此很显然它有多少种类目前尚不能确定。

本属在黄河流域发现9种，其中1个为变种。

（1）近缘桥弯藻
Cymbella affinis **Kützing**

鉴定文献：Krammer & Lange-Bertalot, 1986, p. 692, pl. 125, figs. 1-22.

特征描述：壳面近披针形到近椭圆形，有明显的背腹之分，背缘凸出，腹缘略凸出或近平直，两端短喙状，末端钝圆到截形；中轴区狭窄，中央区略扩大，近圆形；壳缝偏于腹侧，腹侧中央区具1个单独的孔点，横线纹放射状向中央区，两端略斜向极节，在背侧中部10 μm内7 ～ 13条，腹侧中部10 μm内8 ～ 14条，较密。细胞长20 ～ 70 μm，宽6 ～ 16 μm（图2-44）。

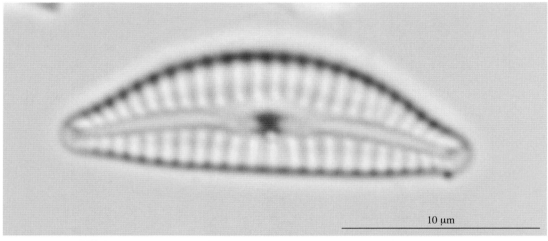

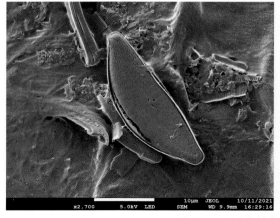 

图2-44　近缘桥弯藻 *Cymbella affinis*

此种类淡水性，分布较广泛，适碱性及中电导率的水体。

分布：东平湖、南山、万家寨水库、汾河。

（2）膨胀桥弯藻

Cymbella tumida (Brébisson) Heurck

鉴定文献：Krammer, 2002, p. 514, pl. 162, figs. 1-8.

特征描述：壳面左右不对称，背缘较凸出，腹缘平直或中部略凸出，末端截形。壳面长45 ~ 86 μm，宽16 ~ 18 μm。中轴区靠腹侧有一个游离的眼点状点纹。线纹在壳面中部呈明显的放射状排列，在每10 μm 内有8 ~ 10条（图2-45）。

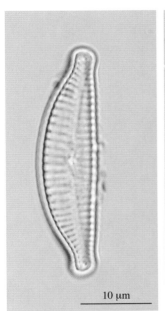
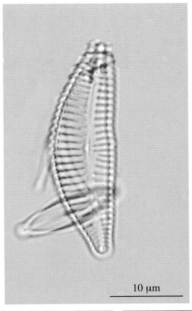
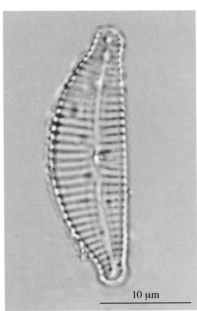

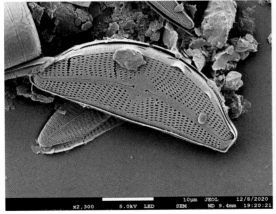
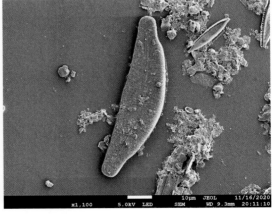

图2-45　膨胀桥弯藻 _Cymbella tumida_

此种类淡水性，分布较广，常见，一般长在贫营养到中营养且电导率适中的水体中，偶尔在微咸水中发现。

分布：小浪底、东平湖、飞雁滩、刁口河滨孤路桥、建林浮桥、黄河口湿地、武陟渠首、南村、龙门大桥、西寨大桥、若尔盖、龙羊峡水库入水口、上平望、汾河水库出口、万家寨水库、沙柳河入青海湖口、玛多黄河沿、鄂陵湖。

（3）热带桥弯藻

Cymbella tropica Krammer

鉴定文献：Krammer, 2002, p. 61,164, pl. 44, figs. 1-10; pl. 49, figs. 12-13.

特征描述：壳面具背腹之分，宽披针形。背缘较明显地呈弓形弯曲。腹缘略呈弓形弯曲。两端略呈亚喙状，端部钝圆形。壳缝偏位于腹侧。轴区窄，线性。中央区略比轴区宽，形成一小圆形或不明显的区域。腹侧中央线纹的端部常具有一个较大而明显的孤点。线纹放射状排列，中部在10 μm中有8～11条，端位在10 μm中有12～14条，组成线纹的点纹在10 μm中有21～24个。壳面长47～52 μm，宽11～12 μm。长宽比为3.9～4.6（图2-46）。

此种类为淡水性。较喜温暖的水体环境，但也在北方的温带地区发现了它。

分布：切拉塘、大河家、乌梁素海。

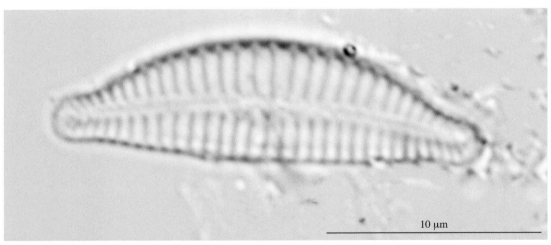

10 μm

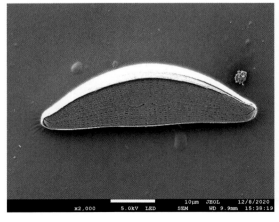
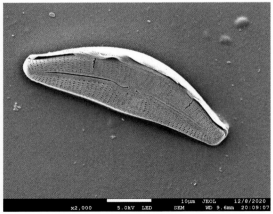

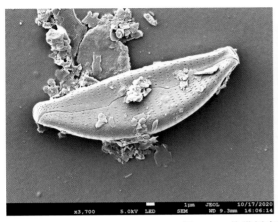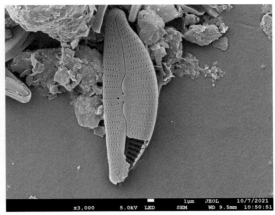

图 2-46　热带桥弯藻 *Cymbella tropica*

（4）新细角桥弯藻

Cymbella neoleptoceros **Krammer**

鉴定文献：Krammer, 2002, p. 134, pl. 157, figs. 1-19.

特征描述：壳面具背腹之分，菱形披针形。背缘明显地呈弓形弯曲，腹缘亦呈弓形弯曲，中部膨大呈半菱形状，两端狭圆或尖圆形。壳缝几乎中位，端部膨大呈一较小的中央孔珠（具有顶孔区）；轴区适度地变宽，中央区不明显。线纹呈辐射状排列，线纹在每 10 μm 内有 9 ~ 11 条。细胞长 26 ~ 30 μm，宽 7 ~ 11 μm（图 2-47）。

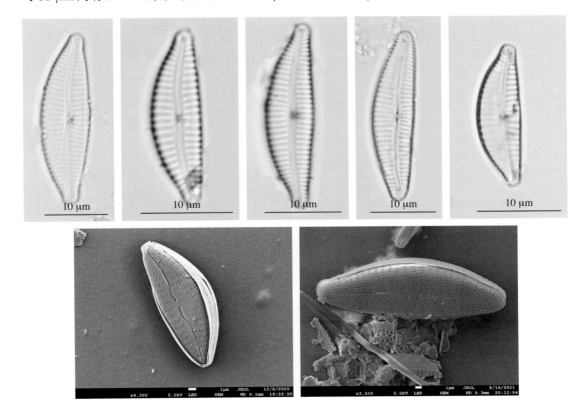

图 2-47　新细角桥弯藻 *Cymbella neoleptoceros*

此种类在我国铜陵、镇江有采集记录。

分布：乌梁素海。

（5）粗糙桥弯藻小型变种

Cymbella aspera var. _minor_ (Heurck) Cleve

鉴定文献：Ehrenberg, 1840, p.51, pl. IX, fig. 42.

特征描述：壳面明显地具背腹之分，披针形；背缘明显地呈弓形弯曲；腹缘略呈弓形弯曲，但中部常略呈凸出状；两端宽圆形。壳缝近于中位或略偏于腹侧；近缝端呈线形；远缝端略呈侧翻状，端缝呈"镰形"弯向背侧。中央区较明显，在腹侧具一小排孤点。线纹在 10 μm 中有 7 ~ 9 条（中部）和 12 ~ 13 条（端部），组成线纹的点纹在 10 μm 中有 9 ~ 12 个。壳面长 60 ~ 122 μm，宽 21 ~ 27 μm，长与宽之比为 4.0 ~ 5.8（图 2-48）。

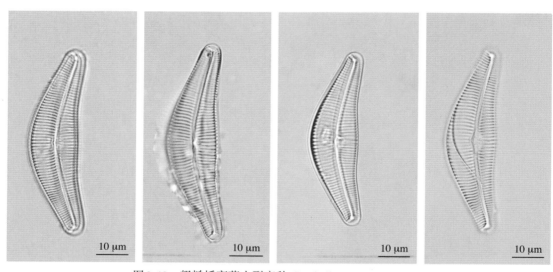

图 2-48　粗糙桥弯藻小型变种 _Cymbella aspera_ var. _minor_

此种类为淡水性，较适宜贫营养至弱中营养、低至中电导的水体环境。

分布：东平湖。

（6）汉茨桥弯藻

Cymbella hantzschiana (Rabenhorst) Krammer

鉴定文献：Krammer & Lange-Bertalot, 1986, p. 704, pl. 13, fig. I.

特征描述：壳面明显地具背腹之分，披针形；背缘强烈地呈弓形弯曲；腹缘略呈弓形弯曲或略凹弧形或几乎平直，但中部略膨大；向两端渐窄，两端圆形或狭圆形。壳缝略偏位于腹侧；近缝端呈侧翻状；远缝端线形，端缝弯向背侧。轴区窄，线状或线状披针形。中央区不明显或仅比轴区略宽大。线纹放射状或略呈放射状排列，在 10 μm 中背侧有 8 ~ 10 条(中部)，腹侧有 10 ~ 12 条(中部)，端部有 12 ~ 14 条，组成线纹的点纹在 10 μm 中有 21 ~ 24 个。壳面长 25 ~ 62 μm，宽 6 ~ 13 μm，长与宽之比为 3.8 ~ 5.8（图 2-49）。

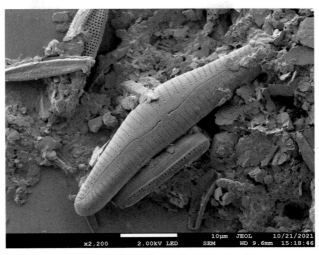

图 2-49 汉茨桥弯藻 *Cymbella hantzschiana*

此种为淡水性，但在我国藏北地区的一些咸水湖中也发现了它。一般较适宜贫营养至中营养及中电导率的水体。

分布：龙羊峡出水口。

（7）北极桥弯藻

Cymbella arctica (Lagerstedt) Schmidt

鉴定文献：Handligar, 1955, ser. 4, p. 1-232, figs. 971-1306.

特征描述：壳面明显地具背腹之分；背缘强烈地呈弓形弯曲；腹缘略亦呈弓形弯曲，中部不膨大；向两端渐窄，两端圆形或狭圆形。壳缝近缝端呈侧翻状；远缝端弯向背侧。轴区窄，线状或线状披针形。中央区不明显或仅比轴区略宽大，中央区腹侧有4个明显的孤点。线纹放射状或略呈放射状排列，在 10 μm 中背侧有8～11条（中部），端部有12～14条，组成线纹的点纹在10 μm中有24～25个。壳面长31.0～66.5 μm，宽6～17 μm，长宽比为3.9～5.1（图2-50）。

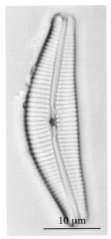

图 2-50 北极桥弯藻 *Cymbella arctica*

　　此种为淡水性。适低温、贫营养及低电导率的水体环境，常生长在寒带地区，但在我国较温暖的华南地区也有发现。此种类在我国江苏、广东、广西、海南、四川、西藏、青海等多地有采集记录。

　　分布：鄂陵湖。

（8）澳洲桥弯藻
Cymbella australica (Schmidt) Cleve

　　鉴定文献：Krammer, 2002, p. 520, pl. 165, figs. 1-2.

　　特征描述：壳面明显地具背腹之分；背缘明显地呈弓形弯曲；腹缘几乎平直或略凹入，但中部略膨大凸出；两端轻微地收缢凸出，端部平截形或截圆形。壳缝几乎中位；近缝端线形，端部具圆形中央珠孔（有时不明显）；远缝端也呈线形，端缝是"镰形"弯向背侧。轴区窄，线状弯曲形。中央区明显地大，圆状，占壳面宽度的1/3 ～ 1/2；在中央节腹侧附近有一明显的孤点；孤点横透过中央节。线纹在中部呈明显的放射状排列；在两端略呈汇聚状排列；在10 μm中有7 ～ 11条（中部）和14 ～ 16条（端部），组成线纹的点纹在10 μm中有21 ～ 24个。壳面长70 ～ 160 μm，宽18 ～ 35 μm，长与宽之比为3.7 ～ 5.2（图2-51）。

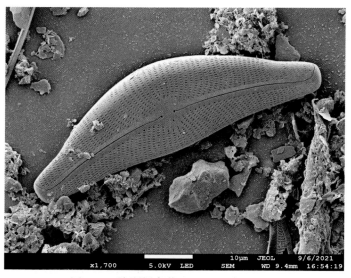

图2-51　澳洲桥弯藻 _Cymbella australica_

　　此种为淡水性，适应性较广，常生长在各种内陆水体中。在我国多地均有采集记录。

　　分布：小浪底、乌梁素海。

（9）新箱形桥弯藻
Cymbella neocistula Krammer

　　鉴定文献：Krammer, 2002, p. 94, fig. 86:1-7.

　　特征描述：壳面明显或强烈地具背腹之分；背缘明显地呈弓形弯曲；腹缘明显或略呈凹入形，有时近于平直，但中部多呈膨大凸出形；向两端渐窄，端部圆形；壳缝几乎位于壳面的中线处或略偏腹侧位，弯曲状；近缝端略呈侧翻状，端部中央珠孔呈圆形；远缝端线形，端缝弯向背侧。轴区窄，线形。中央区近圆形（在有些后期细胞中的中央区不明显），占壳面宽度的 1/3 ～ 1/2；在腹侧具 2 ～ 5 个（常为 3 个）孤点，孤点离中央线纹有一段距离，常排列成一竖行。线纹放射状排列，在 10 μm 中有 8 ～ 10 条（中）和 12 ～ 14 条（端），组成线纹的点纹在 10 μm 中有 18 ～ 24 个（常 21 个）。壳面长 37.0 ～ 149.5 μm，宽 16 ～ 27 μm，长与宽之比为 2.3 ～ 5.5。

此种为淡水性，适应性较强，分布广泛，在寒带到亚热带都能生长，但较适中营养、偏碱性、中至高电导的水体环境（图 2-52）。

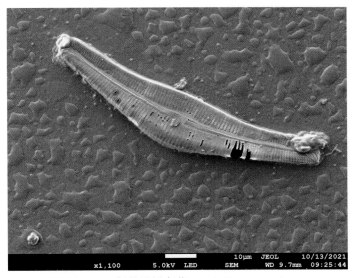

图 2-52　新箱形桥弯藻 *Cymbella neocistula*

分布：东平湖、龙羊峡水库。

内丝藻属 *Encyonema* Kützing, 1833

壳面具明显的（甚至非常强烈的）背腹之分，常呈半椭圆形或半披针形。壳缝为"内丝藻属"壳缝类型，即近缝端折向背侧，远缝端折向腹侧，中段的外壳缝或多或少地弯向腹侧。线纹单列，由点纹组成；孤点多数缺失，少数有，如有孤点必位于中区的背侧。顶孔区缺乏。它们常以胶质黏附在水生植物或岩石等基质上，也有些种类的不少个体群居在一胶质管内，然后胶质管营附着生活。

此属最早由 Agardh（1830）归在桥弯藻属（*Cymbella*）中，后由 Kützing（1833）把它从桥弯藻属分出来而独立成一属。但是，后来它的分类地位仍不稳定，即有些人仍把它归在桥弯藻属中，而有些人把它单独作为内丝藻属（*Encyonema*），也有些人把它作为桥弯藻属中的一个亚属。Krammer（1997）研究了它的形态，认为它的壳缝、孤点和顶孔区等特征明显地区别于桥弯藻属，因此应当独立成为一个属。目前，国内多数学者同意 Krammer 的观点，将该属单列为一属（施之新，2013）。

本属在黄河流域发现3种。

(1) 西里西亚内丝藻

***Encyonema silesiacum* (Bleisch) Mann**

鉴定文献：Mann, 1990, p. 667.

特征描述：壳面明显地具背腹之分，半披针形或半椭圆形（罕为半菱形），背缘呈明显或强烈的弓形弯曲，腹缘几乎平直但中部略拱形凸起（有时呈菱形状凸起）；两端渐狭，端部尖圆形或圆形。壳缝明显地偏于腹侧，线形，中段分叉不明显，几乎直向与腹缘近于平行：近缝端端部略膨大且略弯向背侧，远缝端端缝多数靠近壳缘且弯向腹侧。轴区也偏于腹侧，窄，线形，也几乎与腹缘平行。中央区不明显：常有一明显的孤点，位于背侧中央线纹的端部。线纹放射状排列，但在端部呈汇聚状，在10 μm 中有11 ～ 14 条（中部）和14 ～ 18条（端部），组成线纹的点纹在10 μm 中有30 ～ 35个。壳面长15 ～ 43 μm，宽7 ～ 12 μm，长与宽之比为2.1 ～ 4.3（图2-53）。

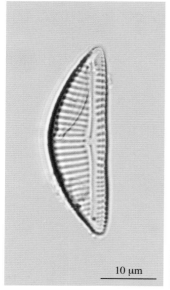
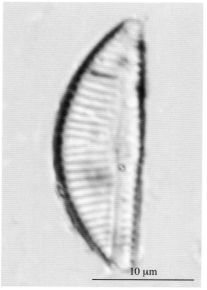
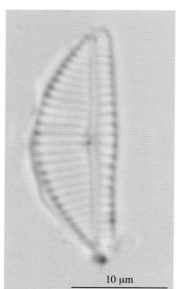
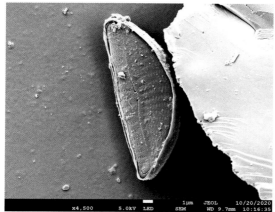

图2-53　西里西亚内丝藻 *Encyonema silesiacum*

此种类为淡水广布性种类，适应性较广，是我国内陆水体的常见种。

分布：小峡桥、唐克、沙湖、龙门大桥、洛宁长水。

（2）隐内丝藻

***Encyonema latens* (Krasske) Mann**

鉴定文献：Mann, 1990, p. 666.

特征描述：壳面呈半椭圆形，具明显的背腹之分，背缘明显地呈弓形弯曲，腹缘略呈弓形弯曲，末端延长至喙状。壳缝偏于腹侧，呈线形；中轴区明显地偏于腹侧，中轴区窄，呈线形；中央区不明显。线纹略呈辐射状排列，线纹在每10 μm内具13 ～ 14条。细胞长16 ～ 18 μm，宽6 ～ 7 μm（图2-54）。

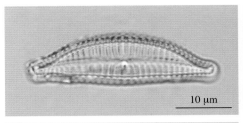

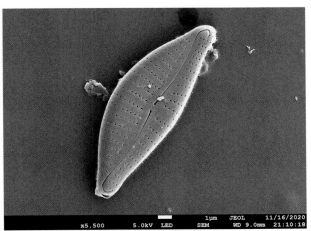
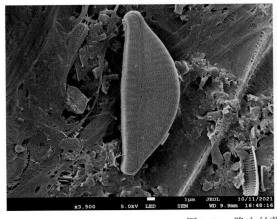
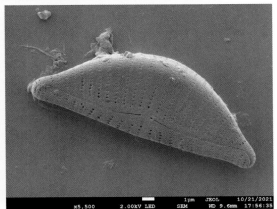

图 2-54 隐内丝藻 *Encyonema latens*

此种类为淡水性种类，分布较广泛，生长在各种内陆水体中，常见，但也在西藏一盐水湖中有采集记录。

分布：头道拐。

（3）簇生内丝藻

***Encyonema cespitosum* Kützing**

鉴定文献：Bey & Ector, 2013, p. 831, figs. 1-16.

特征描述：壳面具有强烈的背腹之分，有时较为粗壮，半披针形或半椭圆形。背缘强烈地呈弓形弯曲，腹缘略呈弓形弯曲，在腹缘中部明显地凸出。两端极轻微地收缢并略凸出呈亚头状，端部圆形。壳缝偏位于腹侧，近于线形。近缝端端部略膨大且弯向背侧，远缝端端缝较靠近壳缘且折向腹侧。轴区偏于腹侧，窄，线形。中央区不明显，仅中央线纹略缩短而有所显示。线纹放射状排列，但在端部略汇聚状，中部在 10 μm 中有 8 ～ 14 条，端位在 10 μm 中有 12 ～ 15 条，组成线纹的点纹在 10 μm 中有 20 ～ 24 个。壳面长 10 ～ 46 μm，宽 4.5 ～ 15.0 μm。长宽比为 2.0 ～ 3.8（图 2-55）。

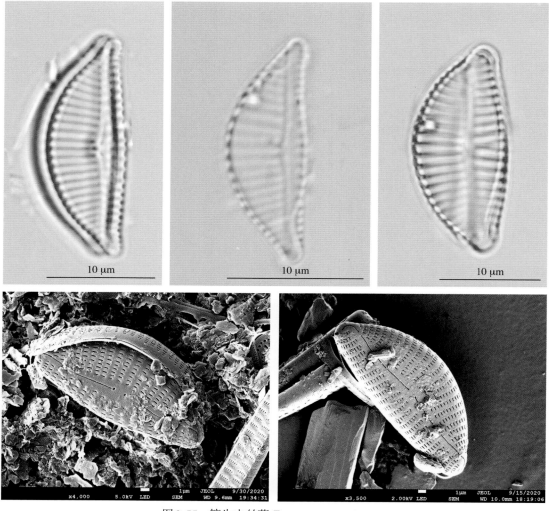

图 2-55　簇生内丝藻 *Encyonema cespitosum*

此种类主要为淡水性种，但在我国藏北的碳酸盐型湖泊及其附近的水体也有采集记录。

分布：乌梁素海。

拟内丝藻属 / 尖月藻属 *Encyonopsis* Krammer, 1997

壳面的背腹之分不明显（多数呈舟形藻状），线形、披针形或椭圆形，两端尖圆形或呈头喙状。壳缝几乎常位于壳面的中间，且中段分叉的内外壳缝几乎多呈平行，为"内丝藻属壳缝形"：近缝端弯向背侧，远缝端弯向腹侧。线纹由单列的点纹组成。孤点多数缺如，少数有孤点，均位于中央区背侧。顶孔区缺如（此特征在模式种中没有描述，但核对了该种属种类的特征，特别是扫描电子显微镜的特征均无顶孔区）。细胞常单独生活，淡水性，喜低至中电导率的偏酸水体。

本属的多数种类原属于内丝藻属（*Encyonema*），后被 Krammer 分出。

本属在黄河流域发现2种。

（1）微小拟内丝藻

Encyonopsis minuta Krammer & Reichardt

鉴定文献：Krammer, 1997, p. 195, pl. 143a, figs. 1-23.

特征描述：壳面呈舟形，壳面几乎没有或非常轻微地有背腹之分，线状椭圆形或线状披针形；背腹两侧缘边轻微地呈弓形弯曲，有时甚至近于平行；两端收缢且凸出呈头状，两侧缘边明显地呈"肩"形，端部圆形。壳缝略偏于腹侧，中段分叉略宽且略弯向腹侧；近缝端略膨大，且略弯向背侧；远缝端弯向腹侧。轴区窄，线形。中央区不明显，通常以中央线纹略缩短而有所显示。线纹放射状排列，在 10 μm 中有 24 ～ 27 条（中）和 30 条（端）。壳面长 13 ～ 18 μm，宽 3 ～ 5 μm（图2-56）。

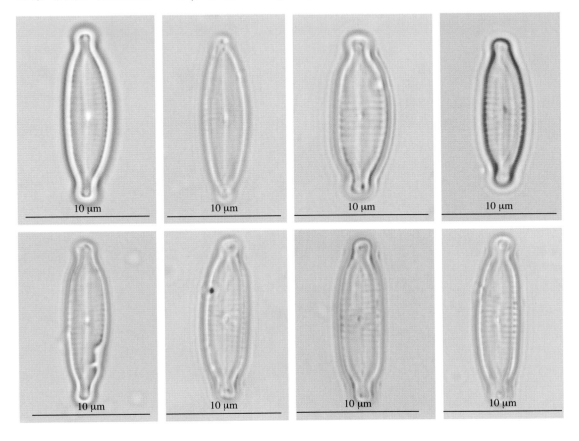

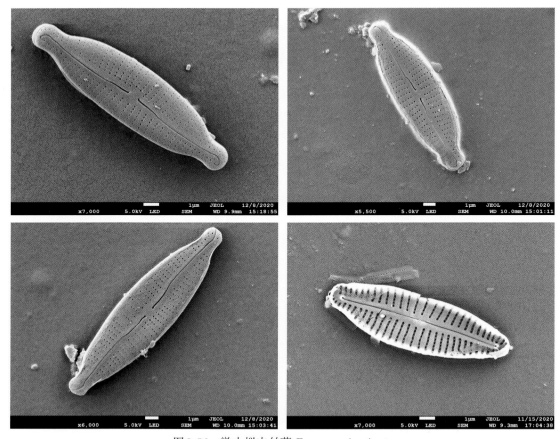

图2-56　微小拟内丝藻 *Encyonopsis minuta*

分布：头道拐、乌梁素海。

（2）阿苏尔拟内丝藻

***Encyonopsis azuleana* Krammer**

鉴定文献：Krammer, 2003, p. 149-171, pl. 163, figs. 21-26.

特征描述：壳面略有背腹之分，椭圆状披针形；背腹两侧缘边均略呈弓形弯曲；腹缘有时几乎平直；两端收缢且凸出呈头状，腹缘明显地呈"肩"形，背缘的"肩"形不明显，端部圆形。壳缝线形；近缝端略弯向背侧；远缝端弯向腹侧。轴区窄，线形。中央区不明显（有时略呈近圆形）。线纹放射状排列，在10 μm中有14 ～ 16条。壳面长22 ～ 29 μm，宽5.7 ～ 7.0 μm，长与宽之比为3.7 ～ 4.7（图2-57）。

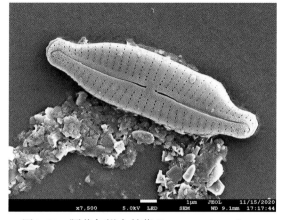

图2-57　阿苏尔拟内丝藻 *Encyonopsis azuleana*

此种类为淡水性，在我国西藏地区曾有采集记录。

分布：乌梁素海。

弯肋藻属 *Cymbopleura* Krammer, 1997

壳面轻微地（甚至几乎不）具背腹之分，常呈近宽椭圆形，椭圆状披针形、披针或线状披针形，端部形状多样。壳缝为"桥弯藻属壳缝类型（Cymbella-raphe）"；在近缝端常呈线形或略呈侧翻状，端部多少呈珠孔状（称中央孔或中央孔珠）并向腹侧弯转呈钩针状或权杖状；远缝端向背侧弯折。线纹由单列的点纹组成。无孤点和顶孔区。

本属的多数种类原属于桥弯藻属（*Cymbella*），后被Krammer分出。

本属在黄河流域发现4种。

（1）双头弯肋藻

Cymbopleura amphicephala (Nägeli) Krammer

鉴定文献：Nägeli & Kützing, 1849, p.57.

特征描述：壳面略有背腹之分，背腹两侧缘边都呈弓形弯曲，但背缘的弯曲程度略大于腹缘；两端呈头状，端部圆形。壳缝略偏斜于腹侧，近缝端端部中央珠孔小，远缝端弯向背侧。中轴区窄，呈线形，中央区小且不明显。线纹呈放射状排列，线纹每10 μm内有10～14条。细胞长14～26 μm，宽7～8 μm，长宽比为3.2～4.2（图2-58）。

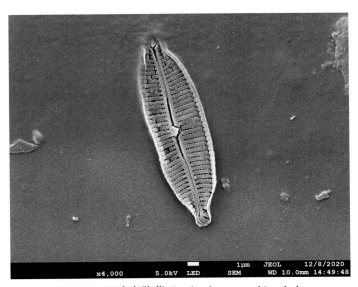

图2-58 双头弯肋藻 *Cymbopleura amphicephala*

此种在我国分布较广，常生长于高氧的清洁水体中。

分布：乌梁素海、东平湖。

（2）舟形弯肋藻

Cymbopleura naviculiformis Krammer

鉴定文献：Zimmermann et al., 2010, p. 324, pl. 64, figs. 6-8.

特征描述：壳面轻微地具背腹之分，椭圆形或椭圆状披针形；背缘明显地呈弓形弯曲，腹缘略呈弓形弯曲，有时几乎平直；两端明显地凸出呈尖喙状，端部尖形。壳缝偏腹侧；近缝端呈线形，端部膨大，在扫描电子显微镜下明显地呈弯钩形且弯向腹侧；远缝端渐细呈线形，端缝弯向背侧。轴区窄，呈线状披针形。中央区明显，占壳面宽度的 1/3 ～ 1/2，略不对称，呈菱形或不规则圆状。线纹放射状排列，背纹 10 μm 中有 8 ～ 12 条（中部）和 14 ～ 20 条（端部），腹纹 10 μm 中有 10 ～ 15 条（中部）和 16 ～ 20 条（端部），壳面长 24 ～ 50 μm，宽 2 ～ 13 μm，长与宽之比为 3.0 ～ 4.8（图 2-59）。

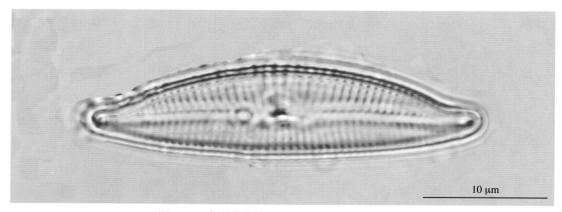

图 2-59　舟形弯肋藻 *Cymbopleura naviculiformis*

此种为淡水性，较常见，适宜于贫营养至低电导率的水体环境。

分布：龙羊峡水库。

（3）窄弯肋藻

***Cymbopleura angustata* (Smith) Krammer**

鉴定文献：Smith, 1853, p.52, pl. XVII, fig.156.

特征描述：壳面略或几乎不具背腹之分，较窄，披针形或线状披针形，背腹两侧缘边都轻度地呈弓形弯曲，有时两侧缘边呈波形弯曲；两端收缢突出呈头喙状。壳缝几乎中位或略偏位于腹侧，向两端变细呈线形；在近缝端略侧翻状，端处呈珠状，并略向腹侧偏转；远缝端呈"逗号"状弯向背侧。轴区窄，线形，几乎位于壳面的中线处，有时向中央区略渐宽。具中央区，占壳面宽度的 30% ～ 40%，两侧有时明显不对称。线纹放射状排列，在 10 μm 中有 13 ～ 16 条（中部）和 18 ～ 25 条（端部）。壳面长 30 ～ 40 μm，宽 7.0 ～ 9.5 μm，长与宽之比为 4.2 ～ 5.7（图 2-60）。

淡水性，喜冷水、贫营养和低电导率的水体环境。在我国目前主要发现在西部高原和山地地区。

分布：博湖。

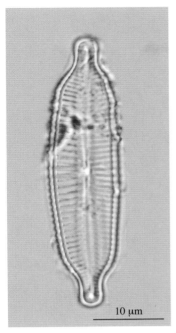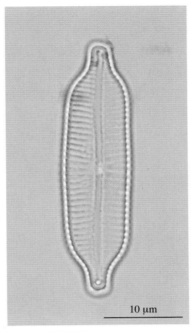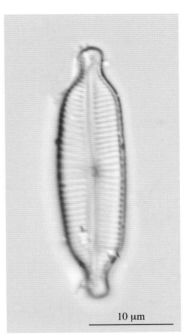

图2-60 窄弯肋藻 *Cymbopleura angustata*

（4）库尔伯斯弯肋藻

Cymbopleura kuelbsii **Krammer**

鉴定文献：Krammer, 2003, pl.113, figs.1-7b; pl.127, figs.11,12,19.

特征描述：壳面棒状，中央区一侧线纹极短或没有线纹，略有凸起，长 30 ～ 35 μm，宽 6.0 ～ 7.5 μm，线纹 10 μm 内 9 ～ 12 条（图2-61）。

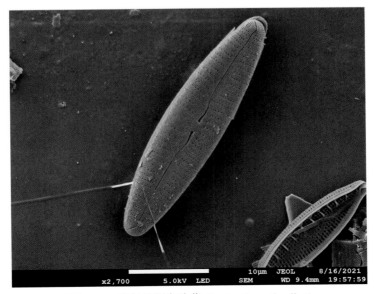

图2-61 库尔伯斯弯肋藻 *Cymbopleura kuelbsii*

本种常附着于水草上生活。

分布：拴驴泉。

优美藻属 *Delicatophycus* Krammer, 2003

细胞单生。壳面适度地至几乎不具背腹之分，半披针形、披针形、椭圆形披针形或菱形披针形。壳缝与"桥弯藻属壳缝类型"相似，在近壳缝端强烈呈侧翻状，且明显地折向腹侧，远缝端弯向背侧。轴区较窄或向中部变宽。中央区不明显或扩大，在腹侧由于中央线纹有规律地缩短而形成波形的两个错落状浅区，以适合向腹侧翻转的壳缝。无孤点，无典型的顶孔区(Cohu & Azemar, 2011)。

本属原来是桥弯藻属（*Cymbella*）的一部分，后被Krammer分出。本属拉丁名原为*Delicata*，后被Wynne(Wynne, 2019)更名为*Delicatophycus*。在扫描电子显微镜下观察，可以发现连接的线纹在壳面的外表面呈波状，每个点孔呈S形，由此区分于弯肋藻。

本属在黄河流域发现3种。

（1）优美藻

Delicatophycus delicatula (Kützing) Wynne

鉴定文献：Krammer, 2003, p. 113, pl. 129, figs. 1-30.

特征描述：壳面略有或几乎没有背腹之分，狭披针形；背缘适度地呈略弓形弯曲，腹缘也适度地呈弓形弯曲或近于平直；两端略收缢凸出呈亚喙状（有时收缢凸出较明显）。壳缝略偏于腹侧；近缝端强烈地呈侧翻状；远缝端呈"逗点"状弯向背侧。轴区较窄，向中央区明显地变宽大。中央区变化很大，常不明显、不规则又不对称。线纹放射状排列，在10 μm中有18～20条（中部）和20～24条（端部）。壳面长19～45 μm，宽5～9 μm，长与宽之比为3.8～6.3（图2-62）。

此种主要为淡水性，水生或亚气生，分布较广。在我国西藏的一咸水湖中也被发现，一般喜微碱性和富钙的环境。

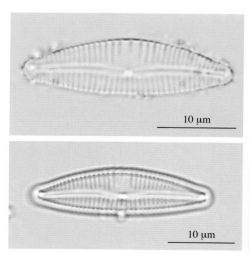

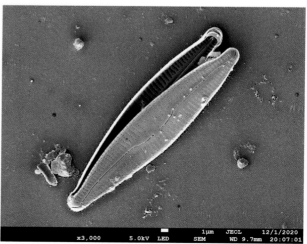

图2-62　优美藻 *Delicatophycus delicatula*

分布：乌梁素海。

（2）威廉优美藻

Delicatophycus williamsii Liu & Blanc

鉴定文献：Liu & Blanc, 2018, figs. 18-47.

特征描述：壳面略具背腹之分，线形至披针形，末端钝圆；中央区明显地向背侧延伸扩大至靠近缘边而呈一近矩形的空白区。中央区附近线纹呈放射状；长 15 ~ 29 μm，宽 4.7 ~ 6.2 μm，长宽比约为 5 : 2(Liu et al., 2018)（图 2-63）。

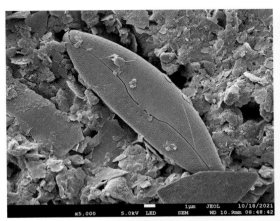
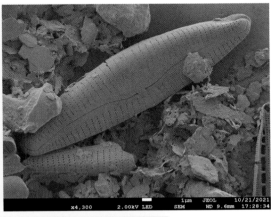

图 2-63　威廉优美藻 *Delicatophycus williamsii*

分布：白马寺。

（3）维里纳优美藻

Delicatophycus verena Wynne

鉴定文献：Krammer, 2003, p. 464, fig. 137.

特征描述：壳面狭披针形，略微具背腹之分，两端延长呈亚喙状，长 20 ~ 40 μm，宽6～8 μm，壳缝直，远缝端弯向背缘，近缝端侧翻。中轴区窄；中央区不明显，两侧不对称。横线纹由单列点纹组成，点纹外壳面开口短波浪状，内壳面开口近长圆形，呈放射状排列，10 μm内线纹有12～17条（图2-64）。

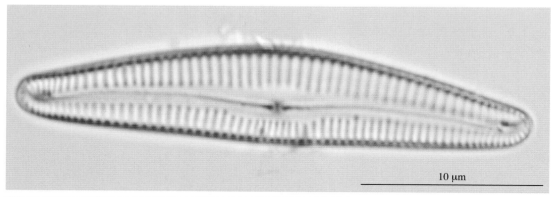

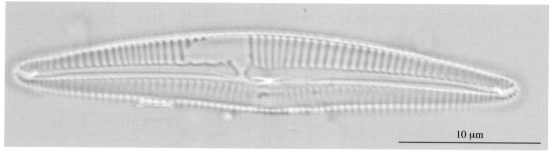

图2-64　维里纳优美藻 *Delicatophycus verena*

本种在汉江上游有记录。

分布：扎马隆、门堂。

瑞氏藻属 *Reimeria* Kociolek & Stoermer, 1987

本属细胞沿横轴对称，沿纵轴不对称，背侧略拱形，腹侧边缘在中央区所对应的位置明显隆起；壳面两端均具孔区，位于腹侧，被远壳缝端分为两半；轴区窄，在中央区背侧具1个单独的孔点，远壳缝端向腹侧弯曲。该属广泛分布于底栖生境。

本属在黄河流域发现1种。

（1）波状瑞氏藻

Reimeria sinuata (Gregory) Kociolek & Stoermer

鉴定文献：Kociolek & Stoermer, 1987, p. 457, figs. 1-10.

特征描述：壳面线形到线形披针形，左右两侧不对称，末端亚头状。长12～23 μm，宽4～5 μm。壳缝直，在末端向一侧延伸。腹侧中部明显凸出，背侧具一个孤点。线纹由双列点纹组成，在每10 μm内有8～11条（图2-65）。

本种常分布于沼泽生境中，在我国三江平原地区、长江下游以及珠江有记录。

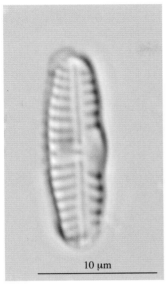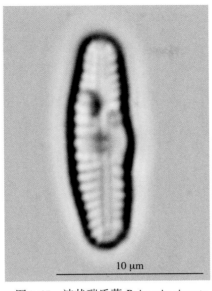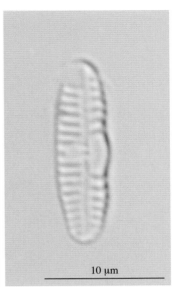

图2-65　波状瑞氏藻 *Reimeria sinuata*

异极藻科 Gomphonemaceae

异极藻属 *Gomphonema* Ehrenberg, 1832

植物体为单细胞，或为不分枝或分枝的树状群体，细胞位于胶质柄的顶端，以胶质柄着生于基质上，有时细胞从胶质柄上脱落成为偶然性的单细胞浮游种类；壳面观上下两端不对称，上端宽于下端，两侧对称，呈棒形、披针形、楔形；中轴区狭窄、直，中央区略扩大，有些种类在中央区一侧具1个、2个或多个单独的孔点，具中央节和极节；壳缝两侧具由单列点纹组成的横线纹；带面多呈楔形，末端截形，无间生带，少数种类在上端具横隔膜；色素体侧生、片状，1个。

由2个母细胞的原生质体分别形成2个配子，互相成对结合形成2个复大孢子。

此属主要是淡水种类，少数生长在半咸水或海洋中。

本属在黄河流域发现5种，其中1个为变种。

（1）邻近异极藻

Gomphonema affine Kützing & Kieselsch

鉴定文献：Kützing, 1844, p. 86, pl. 30, fig. 54.

特征描述：壳面披针状菱形，两侧平缓地呈弧形弯曲，从中部向两端逐渐变狭，端部和基部狭圆形。中轴区较窄，线形。中央区横矩形，两侧各具一短线纹，一侧的线端具一孤点。线纹略放射状排列，尤其在顶端和基部呈强烈的放射状排列，在10 μm内具10～12条（中部）和17～19条（两端）。壳面长47～50 μm，宽6～9 μm（图2-66）。

此种常生活于水渠、河流、山溪中，能适应较宽的导电率范围。在我国山西、安徽、山东、湖北等多地有报道（施之新，2004）。

分布：乌梁素海、柏树坪。

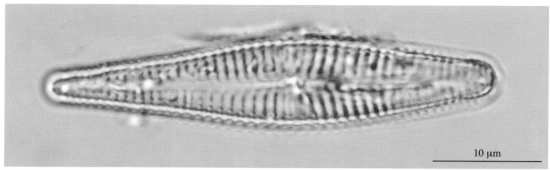

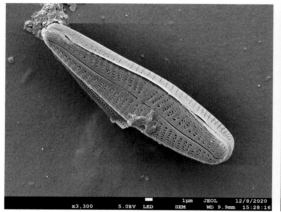
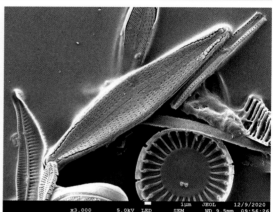

图2-66　邻近异极藻 *Gomphonema affine*

（2）小型异极藻

Gomphonema parvulum **Kützing**

　　鉴定文献：Kützing, 1849, p. 65.

　　特征描述：壳面呈棒状披针形，向上端略变狭，端部具略呈喙状或头状的短凸起；向下端逐渐狭窄，基端狭圆或尖圆形。中轴区窄，线形。中央区小，横矩形（有时不明显），一侧具一明显的中央线纹，另一侧具一略短的中央线纹且线端具一孤点。线纹在中部呈现平行排列，几乎与壳缝垂直（有时略呈放射状排列），在顶端和基部略呈放射状排列，在10 μm内具9～12条（中部）和10～20条（两端）。壳面长14～26 μm，宽4.5～8.0 μm（图2-67）。

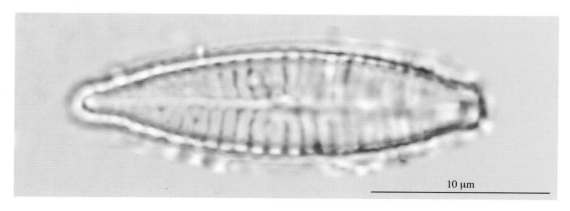

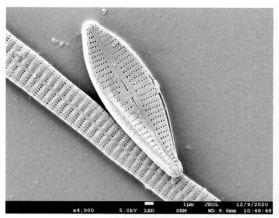
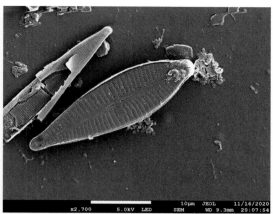
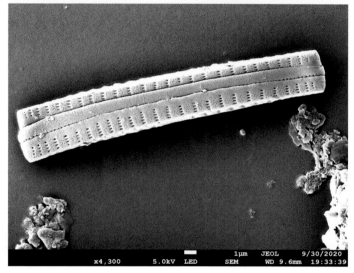

图2-67 小型异极藻 *Gomphonema parvulum*

该种常分布于溪水、稻田、水塘、湖泊、沼泽、水库及泉水中，几乎在各种淡水水体中均可生长，喜富营养化环境。

分布：乌梁素海、东平湖、五龙口、七里铺、花园口、洛宁长水、赛尔龙、唐克、唐乃亥、龙羊峡水库出水口、扎马隆、玛多黄河沿、博湖。

（3）窄异极藻

Gomphonema angustatum (Kützing) Rabenhorst

鉴定文献：Rabenhorst, 1864, p. 1-359.

特征描述：壳面呈狭披针状、棒形或线状棒形，自中部向两侧略或渐变狭窄，上端具明显的头状或喙状突起，基端狭圆形或尖圆形。中轴区窄，线形。中央区向一侧扩大，呈横矩形，两侧各具一短线纹，一侧具一孤点。线纹放射状排列，有时在两端几乎成平行排列，在10 μm内具8～11条（中部）和12～20条（两端）。壳面长17～40 μm，宽3.5～8.0 μm（图2-68）。

广布性种类，常分布于各种类型的淡水水体中，较适宜于低碱、贫至中营养环境。

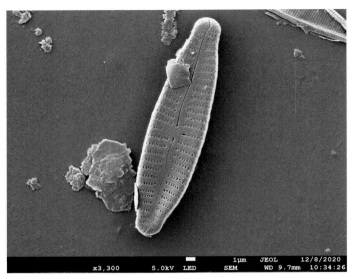

图 2-68　窄异极藻 *Gomphonema angustatum*

分布：乌梁素海、东平湖、唐克。

（4）缢缩异极藻头端变种

***Gomphonema constrictum* var. *capitatum* (Ehrenberg) Grunow**

鉴定文献：Heurck & Belg, 1880, p.217, pl. 23, fig. 7.

特征描述：壳面上下两侧异极，壳面上部具轻度凹入的收缢部，上端略窄于中部，顶端宽圆形。中央区不明显，两侧各具数条长短不等的线纹，一侧具孤点。线纹放射状排列，线纹在 10 μm 内具 10 ~ 15 条（中部）和 16 ~ 20 条（两端）。壳面长 22 ~ 54 μm，宽 6 ~ 12 μm（图 2-69）。

此种类为淡水性，为普生性种类。在我国多地均有采集记录。

分布：大北口、小峡桥、什川桥、若尔盖。

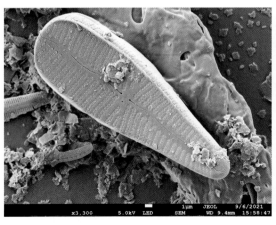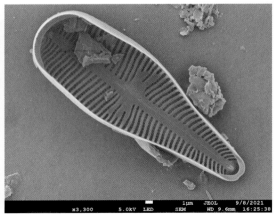

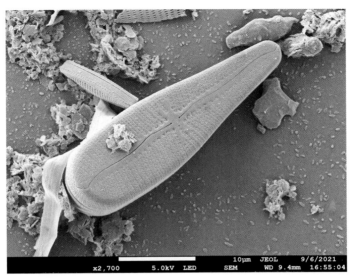

图2-69　缢缩异极藻头端变种 *Gomphonema constrictum* var. *capitatum*

（5）纤细异极藻

Gomphonema gracile Ehrenberg

鉴定文献：Krammer & Lange-Bertalot, 1986, p. 754, pl. 156, figs.1-11.

特征描述：细胞长20～100 μm，宽4～11 μm。壳面披针形，顶端略延长，呈窄圆形或窄亚喙状；壳缝常略弯曲，在中央区的一侧具1个孤点，另一侧通常具一条短线纹；线纹由点孔组成，略呈辐射状，10 μm内9～17条（图2-70）。

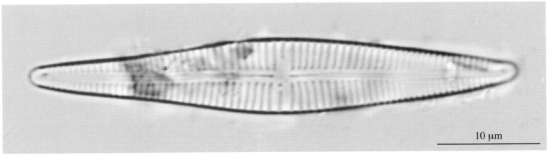

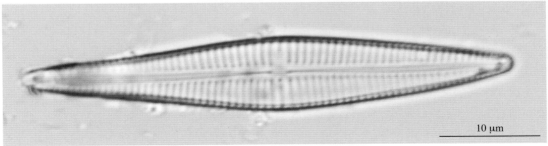

图2-70　纤细异极藻 *Gomphonema gracile*

异纹藻属 *Gomphonella* Rabenhorst, 1853

植物体为单细胞，或为不分枝或分枝的树状群体，细胞位于胶质柄的顶端，以胶质柄着生于基质上，有时细胞从胶质柄上脱落成为偶然性的单细胞浮游种类；壳面观上下两端不对称，上端宽于下端，两侧对称，呈棒形；具中央节和极节；壳缝两侧具由双列点纹组成的横线纹；带面多呈楔形，末端截形。壳面两端或一侧具顶孔区，无孤点。色素体侧生、片状，1个。

1853年，Rabenhorst将此属从异极藻属（*Gomphonema*）分出，主要区别在于：异极藻属为单列点纹组成的横线纹，而本属是由双列点纹组成的横线纹(Tuji, 2020)。

本属在黄河流域发现2种，其中1个为变种。

（1）橄榄绿异纹藻
Gomphonella olivaceum (Lyngbye) Kützing

（1a）橄榄绿异纹藻原变种
Gomphonella olivaceum var. *olivaceum* (Lyngbye) Kützing
鉴定文献：Rabenhorst, 1853, p. 72, pl. 9.

壳面棒状，上端广圆形，中部最宽，下端逐渐狭窄；中轴区狭窄、线形，中央区明显，无单独的点纹，横线纹略呈放射状排列，而在中部长度不规则，在中间部分10 μm内10 ~ 16条。细胞长12.5 ~ 40.0 μm，宽3.5 ~ 10.0 μm。在扫描电镜下观察到横线纹由两列点纹组成（图2-71）。

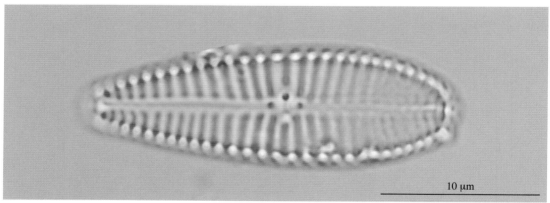

10 μm

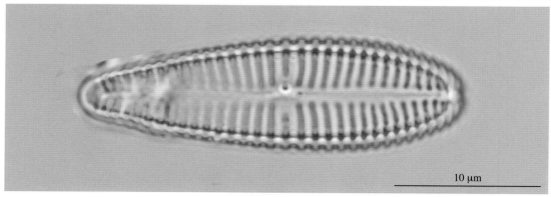

10 μm

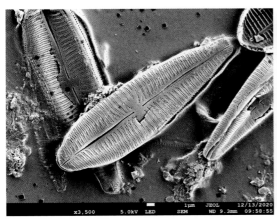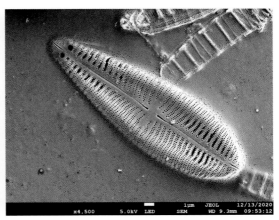

图2-71　橄榄绿异纹藻原变种 *Gomphonella olivaceum* var. *olivaceum*

此种在多数文献中被定名为橄榄绿异极藻（*Gomphonema olivaceum*）（施之新，2004），后被Kützing移入 *Gomphonella* 属。由于其双列线纹和明显的下端顶孔区，笔者将其定名为橄榄绿异纹藻（*Gomphonella olivaceum*）。

此种适宜于淡水或半咸水，适应于水温偏凉且具相当硬度的流水环境，在我国多地均有采集记录（施之新，2004；殷旭旺等，2012）。

分布：垦利。

（1b）橄榄绿异纹藻具孔变种
Gomphonella olivaceum var. *punctatum* **Shi**

鉴定文献：Shi, 2004, p. 68, pl. XXIX, figs. 5-6.

特征描述：此变种与原变种的不同为壳面中央区近中央节处有一明显孤点，横线纹在中间部分10 μm内11 ～ 15条。细胞长25 ～ 35 μm，宽6 ～ 9 μm（图2-72）。

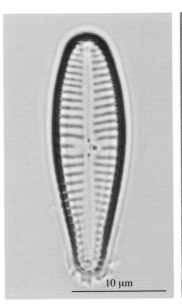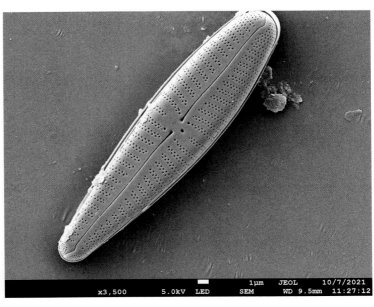

10 μm

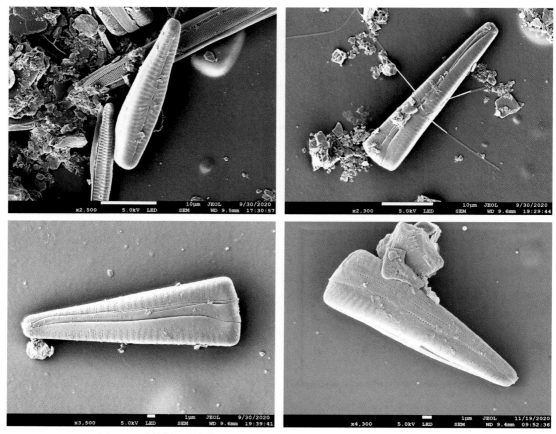

图2-72 橄榄绿异纹藻具孔变种 *Gomphonella olivaceum* var. *punctatum*

此种类为淡水性种类，常生活于池塘、草甸积水、水田、沼泽、溪流、河流、泉水和湖泊等水体，较适宜于石灰岩基质的流水环境。在我国多地有分布。

分布：贵德、沙湖、乌梁素海。

中华异极藻属 *Gomphosinica* Kociolek, 2015

细胞单生，壳面呈棒状或棍状，壳面上下端不对称。带面观楔形，中轴区窄线形，壳缝直，上端呈宽圆形或头状，下端呈喙状，末端裂纹向同一方向弯曲。具顶孔区。中央区具一个孤点，线纹多列。

本属在黄河流域仅发现1种。

（1）高位中华异极藻

Gomphosinica chubichuensis (Jüttner & Cox) Kociolek

鉴定文献：Kociolek & Liu, 2015, p. 178.

特征描述：壳面呈狭披针形，上下两端缢缩为头状。长21～51 μm，宽5.5～6.5 μm。中轴区较窄，呈线形。中央区具一个孤点。线纹由两列裂缝状点纹组成，在中部呈辐射状排列，在末端近平行排列，在每10 μm内有10～12条（图2-73）。

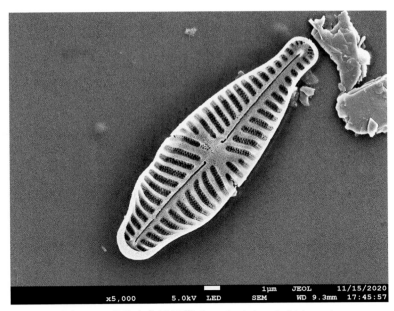

图2-73 高位中华异极藻 *Gomphosinica chubichuensis*

此种类在我国长江下游干流有采集记录(才美佳, 2018)。

分布：扎陵湖。

弯楔藻科 Gomphonemaceae

弯楔藻属 *Rhoicosphenia* Grunow, 1881

植物体以细胞狭的一端连接在分枝的胶质柄的顶端，附着在丝状藻类和高等水生植物上；壳面异形，上壳面仅具上下两端发育不全的短壳缝，无中央节和极节，其两侧的横线纹较细，下壳面具壳缝，具中央节和极节，两侧的横线纹略呈放射状。壳面多呈棒形、长卵形，壳面上下两端不对称；带面楔形，呈纵长弧形弯曲，具2个与壳面平行而等宽的、但比壳面略短的纵隔膜；色素体片状，1个。

每2个母细胞的原生质体结合，形成1个复大孢子。

本属在黄河流域仅发现1种。

（1）短弯楔藻

Rhoicosphenia abbreviata (Agardh) Lange-Bertalot

鉴定文献：Krammer & Lange-Bertalot, 1986, p. 622, pl. 91, figs. 20-28.

特征描述：细胞长 10 ~ 55 μm，宽 3 ~ 8 μm。带面观弯曲，壳面线形披针形，两壳面结构不同，凹下面具完整的壳缝，凸起面壳缝短，仅位于壳面两端，壳面两端均具明显的假隔膜。壳面顶端一侧具有顶孔区。线纹由纵向延长的气孔组成，在10 μm内有15 ~ 20条（图2-74）。

此种类曾在珠江流域有采集记录(刘静等, 2013)。

分布：乌梁素海。

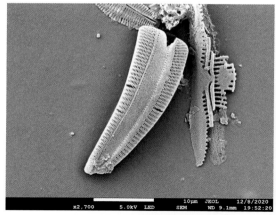 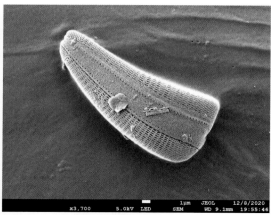

图2-74　短弯楔藻 *Rhoicosphenia abbreviata*

舟形藻科 Naviculaceae

茧形藻属 *Amphiprora* Ehrenberg, 1841

细胞中部缢缩。相连带有横列点纹组成的纵纹。壳面呈舟形或梭形，末端锐圆，稍弯曲。中轴区隆起成为S形的船骨突，船骨突基部与壳面部分连接处通常有一条多少成弯曲状的接合线。壳缝在船骨突顶端，成S形，轴区不明显，中心区小或缺如，具中央节和端节。船骨突上有条纹，点纹通常较粗，成横列状或X状排列。壳面具横列点条纹，一般微细。色素体通常一个，板状，或锯齿状，位于壳环带或相连带处。

本属在淡水中分布的种类不多。在黄河流域发现了2种。

（1）沼地茧形藻

Amphiprora paludosa (Smith) Reimer

鉴定文献：Smith, 1853, p. 44, pl. XXXI, fig. 269.

特征描述：细胞硅质化，细胞壁像腹部似的膨大，壳环面在中部强烈缢缩，相连带具有数条清楚的纵纹。龙骨非常发达，龙骨的分界线通常仅微微波曲或有一个隐形角状。壳面线形披针形，末端锐圆形，中线强烈的S形。横线纹在龙骨表面很细密，有时在线纹中间有较多的单条粗壮线纹，在10 μm内有20～24条。壳面长40～130 μm，壳面宽（包含龙骨）25～50 μm（图2-75）。

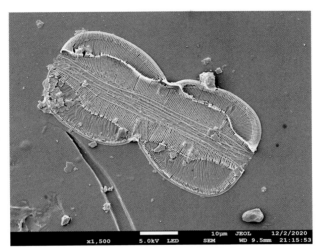

图2-75　沼地茧形藻 *Amphiprora paludosa*

此种分布于淡水和内陆咸水，常生活在池塘、小湖中。此种曾在我国西藏阿里地区有采集记录（李家英和齐雨藻，2010）。

分布：乌梁素海。

（2）香尔茧形藻

Amphiprora cholnokyi Landingham

鉴定文献：Landingham, 1967, p. 162.

特征描述：细胞硅质化弱，壳环面在中部强烈缢缩，相连常不清晰，有强烈发育的龙骨，龙骨的分界线强烈波曲形。壳面线状披针形，中线多少呈S形。细胞壁具清楚的肋纹，在10 μm内有6～7条，肋纹在龙骨上比在壳面上的纹粗，肋纹之间还有细线纹，在10 μm内有15～18条。壳面长36.7～40.0 μm，宽（中凹处）16～23 μm（图2-76）。

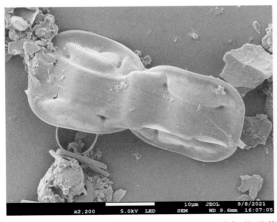
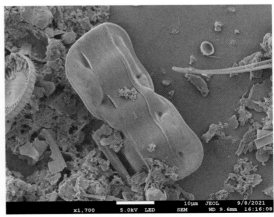

图2-76　香尔茧形藻 *Amphiprora cholnokyi*

此种类常生活在微咸水和半咸水的湖泊中。在我国内蒙古曾有采集记录。

分布：白马寺。

舟形藻属 *Navicula* Bory, 1822

细胞单个，罕有连成链状群体。舟状，多以壳面观出现，壳面外形多变，壳面通常线形披针形到披针形，两端可呈多种形状。壳面平坦或弯曲，壳缝直，丝状，外裂缝中央末端（近缝端）简单或膨大形成孔状或钩状，极端（远缝端）简单或强烈的钩状。壳面横线纹单列或少有双列的，除极少数种类的线纹是肋纹状外，线纹基本都是由不同型的明显和不明显的点纹组成。横线纹平行或辐射状排列。壳环面观呈长方形，是由平滑或平坦带组成。

本属硅藻的繁殖主要是无性分裂，也可由2个母细胞的原生质分裂，各形成2个配子，配子结合形成复大孢子进行繁殖。每个细胞具2个壳环带色素体，每个色素体包括1个伸长的棒状蛋白核。

本属种类极多，淡水、半咸水和海水中均有分布。此属淡水种类非常丰富，各种类型的水体中都有，多为沿岸带，底栖或丛生，也有浮游生。

本属在黄河流域发现9种。

（1）平凡舟形藻

Navicula trivialis Lange-Bertalot

鉴定文献：Lange-Bertalot, 1980, p. 31, pl. 1, figs. 5-9; pl. 9, figs. 1, 2.

特征描述：壳面披针形，末端延长呈尖喙状。轴区窄线形，中心区稍扩大。壳缝直线形，中央孔明显。壳面横线纹呈辐射状排列，在10 μm内有12～15条。壳面长27～46 μm，壳面宽6～11 μm（图2-77）。

此种类可广泛分布于各类淡水水体中，四季可观察到。

分布：东平湖、大横岭、龙门大桥、高崖寨、花园口、葡萄园、陈旗村、西寨大桥、金滩、韩武村、汾河水库出口、万家寨水库、上海石村。

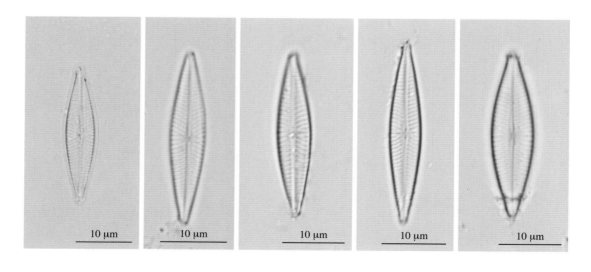

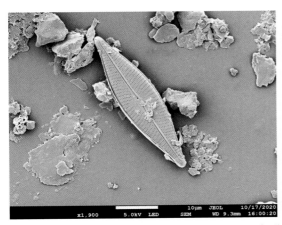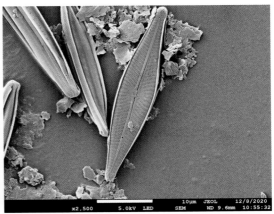

图2-77 平凡舟形藻 *Navicula trivialis*

（2）德国舟形藻

Navicula germanopolonica Witkowski & Lange-Bertalot

鉴定文献：Witkowski & Lange-Bertalot, 1993, p. 110, pl. 45, figs. 1-8.

特征描述：细胞长 13 ~ 25 μm，宽 3 ~ 8 μm。壳面椭圆披针形，两端呈楔形到圆形。中央区明显，致使其周围的线纹较短。近壳缝端膨大，远壳缝端呈钩状。壳面线纹在中间呈辐射状，且明显弯曲，在两端略汇聚，10 μm 内 14 ~ 17 条（李聪 等，2022）（图2-78）。

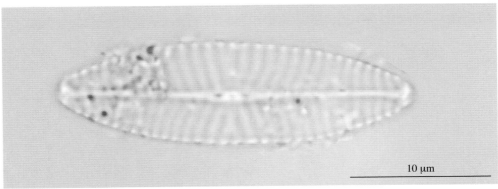

10 μm

10 μm

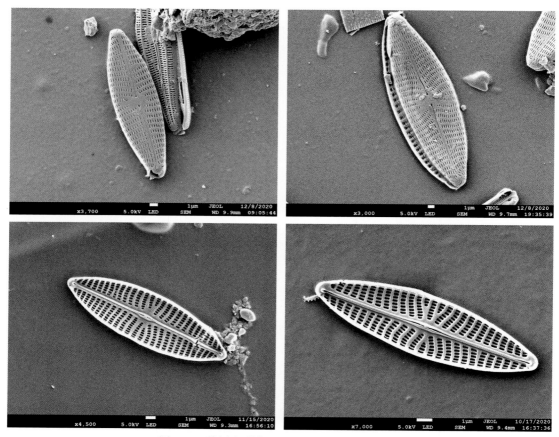

图 2-78　德国舟形藻 *Navicula germanopolonica*

此种类喜生活于富营养化的水体中，曾在河南省养殖池塘中有采集记录（张曼等，2022）。

分布：小浪底、乌梁素海、头道拐。

（3）拟两头舟形藻

***Navicula amphiceropsis* Lange-Bertalot & Rumrich**

鉴定文献：Lange-Bertalot & Rumrich, 2000, p. 153, pl. 42, figs. 1-12.

特征描述：壳面舟形，两端延长呈小头状。轴区窄，中心区扩大形成披针形或近圆形。壳缝直，中轴区窄；近缝端中央紧挨，呈小钩状，弯向壳面同侧；远缝端呈"?"形。内壳面观壳缝位于略隆起的胸骨上，近缝端略弯，远缝端终止于螺旋舌。壳面横线纹明显呈辐射排列，近末端呈聚集状排列，细纹由单列纵向短裂缝状的点纹组成，线纹在 10 μm 内有 11 ～ 14 条。壳面长 31 ～ 45 μm，壳面宽 7 ～ 11 μm（图 2-79）。

此种类曾在汉江上游有采集记录（谭香和刘妍，2022）。

分布：头道拐、乌梁素海、东平湖。

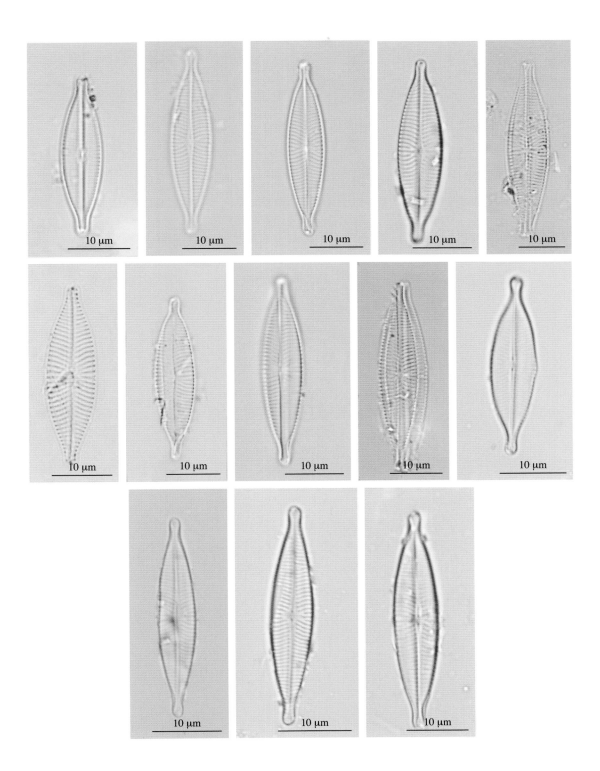

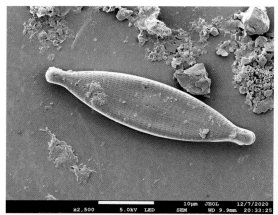
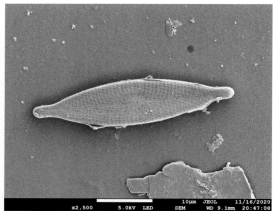
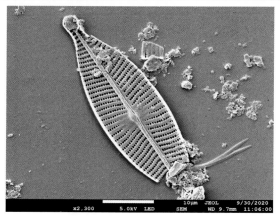

图2-79 拟两头舟形藻 *Navicula amphiceropsis*

（4）雷士舟形藻

Navicula leistikowii Lange-Bertalot

鉴定文献：Lange-Bertalot, 1993, p. 118, pl. 50, figs. 1-8.

特征描述：壳面披针形，末端延伸呈喙状。壳缝直，壳缝末端裂纹勾向同一侧方向；中轴区线形，中央区很小呈圆形，或无中央区。横线纹呈辐射状排列，在每10 μm内有14 ~ 17条。细胞长23 ~ 30 μm，宽5 ~ 7 μm（图2-80）。

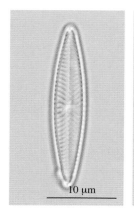
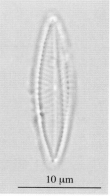
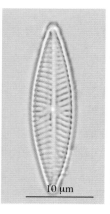
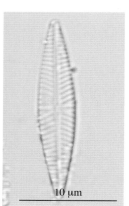

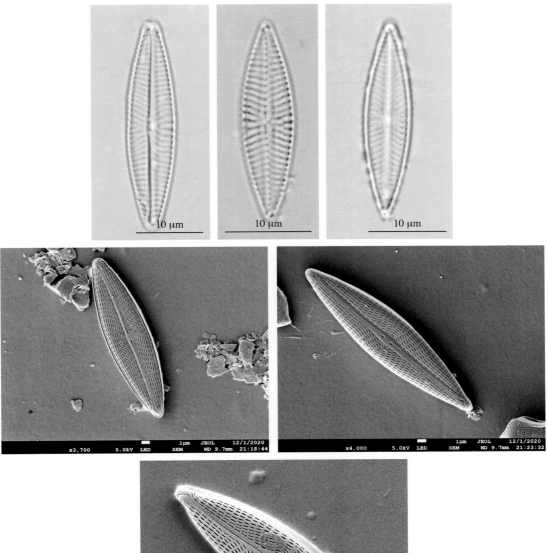

图 2-80　雷士舟形藻 Navicula leistikowii

分布：乌梁素海、小浪底、上平望、龙羊峡水库中游。

（5）系带舟形藻

***Navicula cincta* (Ehrenberg) Ralfs**

鉴定文献：Pantocsek, 1889, p. 44, pl. 11, fig. 196.

特征描述：壳面椭圆形至披针形至长椭圆披针形，末端呈不延长的钝圆形。轴区窄，中央区小，基于可变的位置和周围线纹长度使其不规则。壳缝丝状，较直，近缝端几乎不偏斜，中央孔略膨大成点状。壳面横线纹在中部强烈辐射状排列，向末端聚集排列，线条纹在10 μm内有8～12条。壳面长16～42 μm，壳面宽4～8 μm（图2-81）。

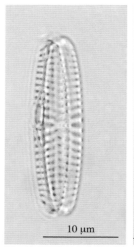
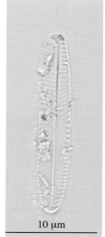
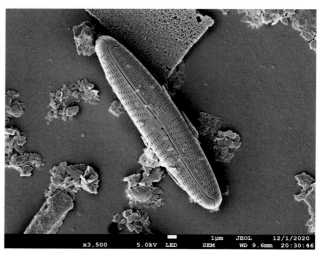

图2-81　系带舟形藻 *Navicula cincta*

本种类一般生活在淡水和微咸水中，可生活于各类水体环境中。在我国西藏和四川等地曾有采集记录。

分布：东平湖。

（6）隐头舟形藻

Navicula cryptocephala Kützing

鉴定文献：Kützing, 1844, p. 95, pl. 3, figs. 20, 26.

特征描述：壳面披针形或窄披针形，末端渐窄或微喙状，近头状或钝圆形。轴区窄至很狭窄，中央区小，呈圆形至横向椭圆形，有时略不对称。壳缝丝状，近缝端略偏斜。壳面横线纹辐射状排列，向末端汇聚排列，线纹在10 μm内有10～24条。壳面长13～45 μm，壳面宽4～9 μm（图2-82）。

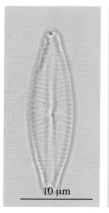
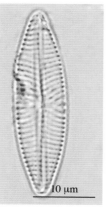
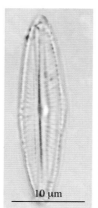
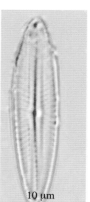
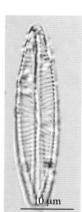

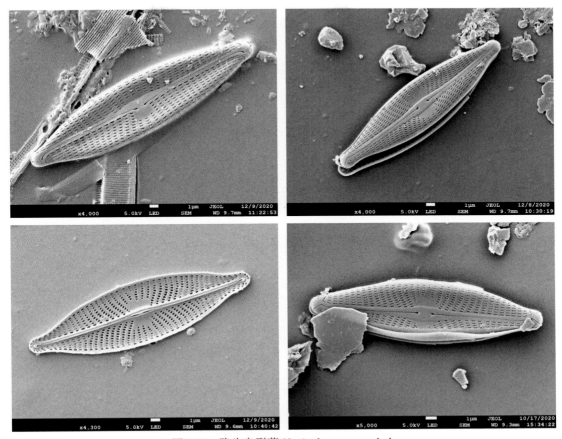

图2-82　隐头舟形藻 *Navicula cryptocephala*

此种分布于淡水和微咸水中，生长在河流、湖泊、小溪、泉水、水塘、水沟、滴水岩壁等流水、静水和半气生环境中。

分布：风陵渡大桥、唐克、小峡桥、新城桥。

（7）三点舟形藻

Navicula tripunctata (Müller) Bory

鉴定文献：Bory, 1822, p. 128.

特征描述：壳面线形披针形至线形，末端楔状钝圆形，轴区很窄，中央区扩大几乎形成矩形，其横向超越壳面宽度的一半，壳面每边出现2～3条不规则的短线纹稍显不对称。壳缝丝状，直，近缝端不偏斜，中央孔不明显，远缝端略弯形，壳面横线纹微辐射排列，逐渐平行至末端稍聚集状排列，线纹在10 μm内有8～14条，每条线纹由短线条组成，在10 μm内有32～35条。壳面长39.6～62.0 μm，壳面宽4.4～11.5 μm（图2-83）。

此种类是淡水至微咸水种类，可生长在各类水体环境中。在我国黑龙江、宁夏、湖南、贵州等多地有采集记录。

分布：唐克、小浪底、乌梁素海、头道拐。

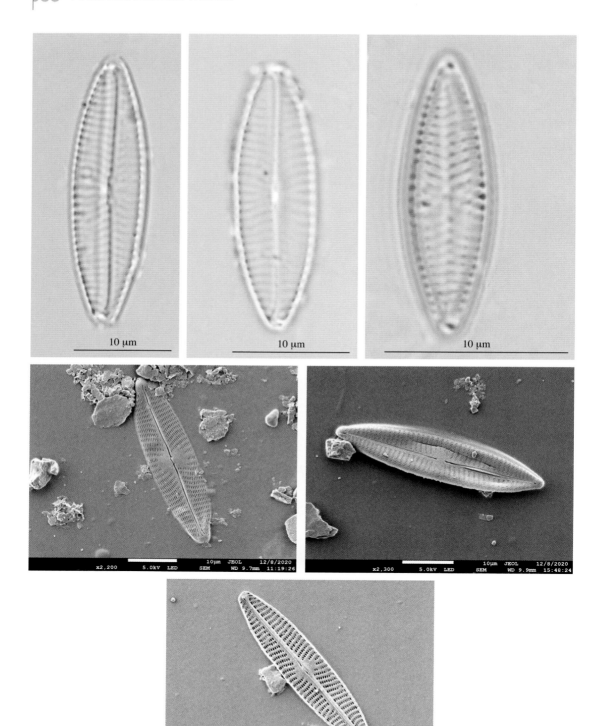

图2-83　三点舟形藻 *Navicula tripunctata*

（8）放射舟形藻/辐射舟形藻

Navicula radiosa **Kützing**

鉴定文献：Kützing, 1844, p. 91, pl. 4, fig. 23.

特征描述：壳面线形披针形或狭长披针形，末端尖圆形。轴区狭窄，明显，轴区和中央节常常显现出比壳面较厚重的硅质化，中央区大小可变，横向扩大不达壳面边缘。壳缝直线形，近缝端偏斜，中央孔略明显膨大。壳面横线纹均为辐射状排列，在中部线纹较短，线纹向末端呈聚集状排列，线纹在10 μm内有9～10条，末端在10 μm内有12～15条，线纹由细而密的短条纹组成。壳面长28～107 μm，壳面宽5～12 μm（图2-84）。

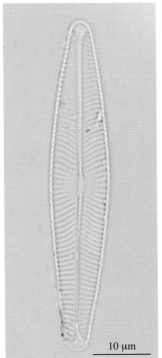
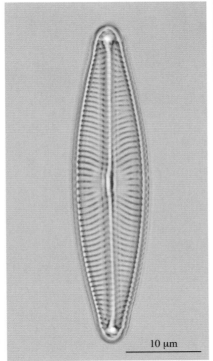
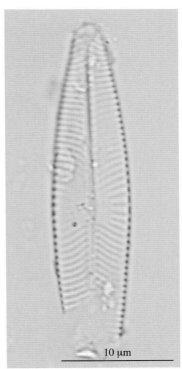
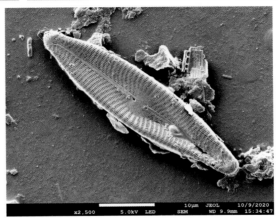

图2-84　放射舟形藻 *Navicula radiosa*

此种类是淡水至微咸水种，广泛生长在湖泊、河流、溪流、水库、水塘、泉水、井水、稻田等静水、流水、高山冷水环境中。此种类在我国多地均有分布（李家英和齐雨藻，2018）。

分布：大河家、乌梁素海、小浪底、上平望、龙羊峡水库中游。

（9）舟形藻

Navicula sp.

特征描述：壳面披针形，末端延伸呈喙状。壳缝直，近缝端壳缝略扩大，远缝端裂纹弯向同一侧方向；中轴区线形，中央区很小呈圆形，一侧具有孤点。横线纹呈辐射状排列，在每 10 μm 内有 11 ～ 13 条。细胞长 20 ～ 24 μm，宽 6 ～ 8 μm（图 2-85）。

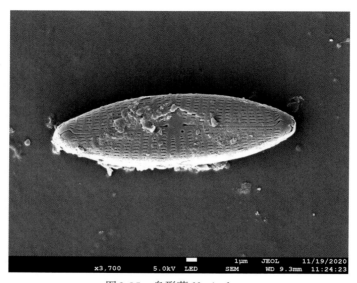

图 2-85　舟形藻 _Navicula_ sp.

此种类与雷士舟形藻（_Navicula leistikowii_）颇为相似，不同之处在于此种类中央空白区一侧具有孤点。由于此种类在水体中为偶见种，未定到种。

分布：龙羊峡水库中游。

格形藻属　_Craticula_ Grunow, 1867

细胞单个，舟状，常见其壳面观。壳面舟形、披针形，末端窄，喙状或头状。轴区窄线形，中央区微扩大。壳缝直线形，近缝端直或轻微弯斜，中央扩大形成孔状和钩状抑或向着壳面边缘旋转，远缝端钩状，末端接近壳缘。壳面横线纹或多或少呈紧密的平行排列，由单一列和小圆形或椭圆形的孔点组成，硅质纵肋纹与横条纹相互交叉形成厚粗的格纹。

细胞生殖：格形藻细胞的无性繁殖有其自身的特点。在生殖过程中，整个细胞内分泌黏液形成的膜包裹1个休眠孢子。细胞有1个色素体，由两个简单细长的片（板）状色素体构成，位于环带的每一边，每个质体有1个或几个蛋白核，蛋白核像舟形藻属

（*Navicula*）一样。

本属是种类较少的小属，主要生活在淡水中，也有生活在微咸水环境中的，附生。

格形藻属（*Craticula*）是由Grunow在1867年依据*C. perrotettii* Grunow典型种的形态和构造特征建立的新属。Cleve(1894)在所著的《舟状硅藻梗概》专著中，将*C. perrotettii*种归入舟形藻属（*Navicula*），命名为*N. perrotettii* (Grunow 1867) Cleve。 Van Landingham赞同Cleve的改变并收录编在目录中(Van Landingham, 1968)。在后来的研究中，硅藻学家们常使用*N. perrotettii*作为种名。直至1990年Round等对*N. perrotettii*进行了光镜和电镜下的深入观察研究，提出了其与舟形藻属有明显的区别：本属主要表现在壳面的多态性（形）、孔（网）纹、壳缝、环带和蛋白核的不同，认为格形藻属的定义特征是明确的，应从舟形藻属中分离出来，归至格形藻属(Round et al., 1990)。

本属在黄河流域仅发现1种。

（1）适中格形藻

Craticula accomoda (Hustedt) Mann

鉴定文献：Metzeltin et al., 2009, p. 272, pl. 70, figs. 1-10.

特征描述：壳面披针形至椭圆形，末端短，尖圆或近喙状。轴区窄线形，中心区几乎不扩大或稍微扩大。壳缝直线形，近缝端直，中央孔不扩大，远缝端直，不偏斜，远缝端裂缝弯向同侧。壳面横线纹等长，几乎平行排列，中部线纹在10 μm内有16～17条，末端在10 μm内有20～22条。壳面长17～29 μm，壳面宽4～7 μm（图2-86）。

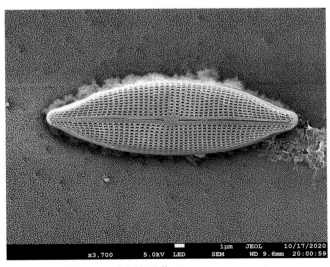

图2-86　适中格形藻 *Craticula accomoda*

此种是淡水种，生长在湖边积水坑、山泉石壁上、水稻田、湿土表面环境中。

分布：风陵渡大桥。

鞍型藻属 *Sellaphora* Mereschkowsky, 1902

细胞单个，少有由极少数细胞形成的链状，无环状构造。壳等极。壳套和环带浅或中等（度）深或相当深，因此常见壳面观或带面观。单个壳面常处于壳面观。壳面两侧边和两极是对称的，壳面常出现单一的形态（状），壳面平坦，呈椭圆形、披针形至线形，末端钝圆形，宽近头状或头状。轴区宽或窄，有时在边缘可见1条纵条纹或是1条外槽沟（groove），中心区圆形或矩形，有时中央区横向扩大形成1条完整的透明横带。有些种在两极（顶极区）两侧出现特殊的肋条纹（眉）增厚。壳缝位于壳面中央，直，近缝端（中央缝端）略膨大微向一侧偏斜，远缝端常向近缝端相对方向弯曲或呈钩状。壳面横线纹单列，在中部常略辐射排列，向两端是可变的，线纹由圆形疑孔组成。环带由极少数开口带组成，通常无孔。

细胞生殖：鞍型藻细胞的繁殖或分裂由D. Mann（1984a, 1985, 1989）进行了深入研究，认为配子囊中产生1个配子体，经细胞和原生质体分裂而形成单个复大孢子。

细胞有一个色素体或质体（plastid），由2个大板片构成H形或像1个马鞍形，每一板片紧贴环带的一边，中间以一狭窄通道连接。色素体中常有1个四面体或多面体的颗粒或蛋白核（pyrenoid），有的种出现两个球形颗粒。

本属种类较多，主要生活在淡水中，也有生活在微咸水和海水环境中，附生。

鞍型藻属（*Sellaphora*）是由 Mereschkowsky (1902)依据细胞的构造特征，将瞳孔舟形藻（*Navicula pupula* Kützing）从舟形藻属（*Navicula*）分离出来重建的新属，并将 *Navicla pupula* 命名为瞳孔鞍型藻 *Sellaphora pupula* (Kützing) Mereschkowsky。Van Landingham (1978)将鞍型藻属列进了分类目录中，但长时间以来，仍沿用舟形藻属 *Navicula* Bary，*Sellaphora pupula* (Kützing) Mereschkowsky并没有被采用。虽然 Ross 在1963年曾指出：舟形藻属与鞍型藻属有明显的不同，但仍然沿用 *Navicula pupula* Kützing 种名。随着硅藻分类研究的深入及应用技术的革新，尤其是电子显微镜的广泛应用，改变了以往凭光学显微镜下所观察进行的细胞形态分类。Mann (1984)对 *Navicula pupula* 等多种硅藻形态和构造进行深层次的研究，证实了鞍型藻属的存在是完全可用的，并认为仅有少数种类的舟形藻属属于鞍型藻属，并对其详尽描述和讨论。依据细胞的壳缝、线纹、质体等特征从舟形藻属中移出放入鞍型藻属中，并将 *Sellaphora pupula* 确定为该属的模式种。Lange-Bertalot 和 Genkal (1999)在研究意大利撒丁岛硅藻时，还发表了一些本属的新种，事实证明鞍型藻属已逐渐被硅藻学家所接受。本属与舟形藻属的主要区别在于，本属壳缝两侧具有明显的纵向无纹区，而舟形藻属并没有此结构。

本属在黄河发现了5种。

（1）矩形鞍型藻

Sellaphora rectangularis Gregory

鉴定文献：Gregory, 1854, p. 99, pl. 4, fig. 17.

特征描述：壳面线形，两侧边缘近平行或中部略凸出，末端近头状或宽圆形。轴区窄线形，中心区扩大成不规则的矩形。壳缝窄线形，近缝端直，远缝端略弯钩状。壳面横线纹辐射状排列，在中部长短相间排列，线纹在10 μm内有21～28条。壳面长17.5～53.0 μm，壳面宽4～9 μm（图2-87）。

此种常生活在各类淡水生境中，在我国黑龙江、吉林、辽宁、贵州、湖南等多地均有采集记录(李家英和齐雨藻, 2010)。

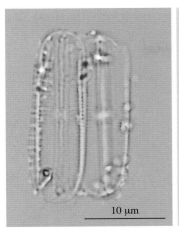
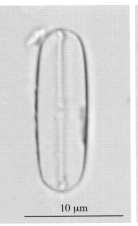

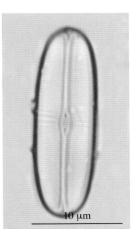
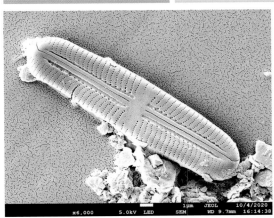
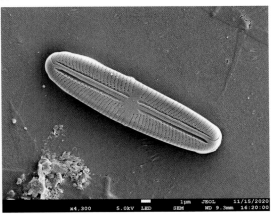

图2-87　矩形鞍型藻 *Sellaphora rectangularis*

分布：乌梁素海、龙羊峡水库中游。

（2）瞳孔鞍型藻

***Sellaphora pupula* (Kützing) Mereschkovsky**

鉴定文献：Mereschkowsky, 1902, Ser. 7-9, p. 185-195, pl. IV, figs. 1-17.

特征描述：细胞单个，壳体等极。壳套和环带浅或深，常呈现壳面观或环带面观，单个壳面常呈现壳面观。壳面线形、披针形或椭圆形，末端圆形，喙状或近头状。轴区很窄，中心区扩大形成矩形或不达边缘的横带，并稍不规则。壳缝较直，远缝端弯向壳面的一边。壳面横线纹较密，在中部辐射排列，向两端形成平行排列，中部线纹常以长、短靠近边缘交替出现，线纹由点孔纹组成，在光镜下观察难于分辨，在电镜下由明显的小孔组成，线纹在 10 μm 内有 14 ～ 24 条。壳面长 18 ～ 45 μm，壳面宽 6 ～ 10 μm（图2-88）。

此种常生活于淡水至微咸水中，生长在湖泊、河流、溪流、泉水、水塘、水库、稻田等流水和静水环境中，在我国多地均有采集记录（李家英和齐雨藻，2010）。

分布：东平湖、飞雁滩、武陟渠首、洛宁长水、陶湾、葡萄园、陈旗村、西寨大桥、唐乃亥、龙羊峡水库湖心、龙门、汾河水库出口、先明峡桥、什川桥。

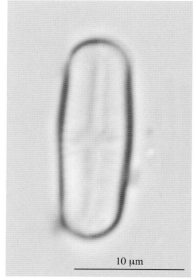 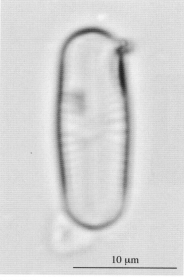 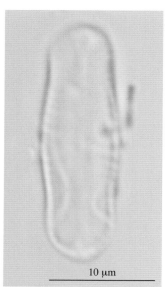

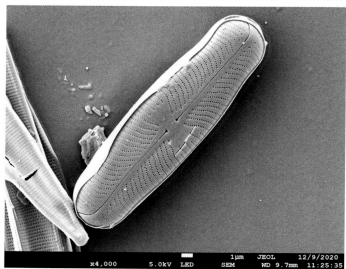

图 2-88　瞳孔鞍型藻 *Sellaphora pupula*

●（3）半裸鞍型藻

Sellaphora seminulum (Grunow) Mann

鉴定文献：Grunow, 1989, p. 2.

特征描述：细胞长 3 ~ 21 μm，宽 2 ~ 5 μm。壳面线形椭圆形到线形披针形，两端呈宽圆形；轴区窄，中央区横向矩形或"蝴蝶结"形；壳面顶端无横向加厚，近壳缝端直；线纹在壳面中间呈辐射状，两端渐平行，10 μm 内有 18 ~ 22 条（图 2-89）。

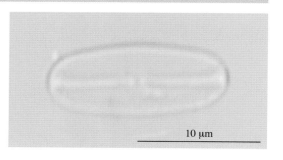

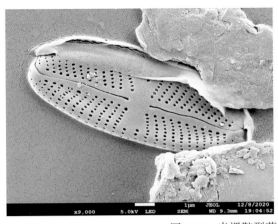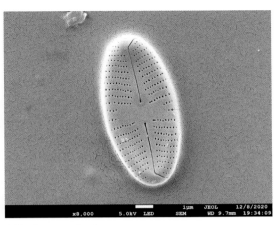

图2-89 半裸鞍型藻 *Sellaphora seminulum*

此种曾在我国珠江水系东江流域有采集记录(刘静等, 2013)。

分布: 岳滩、咸阳铁桥、桦林、若尔盖、唐乃亥、龙羊峡水库湖心、韩武村、河西村、博湖、黄河口湿地、龙门。

(4) 尼格里鞍型藻

Sellaphora nigri (Notaris) Wetzel & Ector

鉴定文献: Wetzel & Ector, 2015, p. 221, figs. 319-393.

特征描述: 壳面椭圆形, 末端钝圆形。壳面长7.2 ~ 8.7 μm, 宽3.1 ~ 3.7 μm。中央区呈蝴蝶结形状; 线纹单列, 且呈辐射状排列, 在10 μm 内有26 ~ 28 条 (图2-90)。

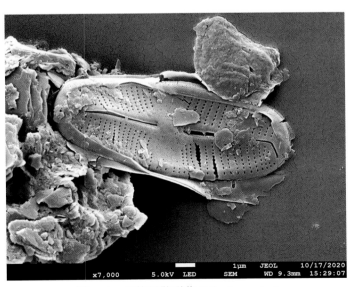

图2-90 尼格里鞍型藻 *Sellaphora nigri*

此种常生活于各类淡水水体, 对水体pH和电导率都具有广泛的适应性, 在我国鄱阳湖中曾有采集记录(杨琦, 2020)。

分布：若尔盖。

（5）施氏鞍型藻

***Sellaphora stroemii* (Hustedt) Kobayasi**

鉴定文献：Kobayasi, 2002, p. 90.

特征描述：壳体较小，壳面椭圆形，末端钝圆形，轴区窄，线纹明显。壳面长 6.0 ～ 11.5 μm，宽 2 ～ 4 μm，线纹在 10 μm 内 20 ～ 25 条。壳缝非常明显，沿壳缝两侧具有明显的凹陷槽（图 2-91）。

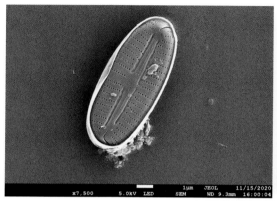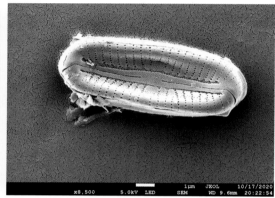

图 2-91　施氏鞍型藻 *Sellaphora stroemii*

此种一般分布于河流中，在我国汉江上游水系有报道（谭香和刘妍，2022）。

分布：龙羊峡水库中游、玛曲。

布纹藻属 *Gyrosigma* Hassall, 1845

植物体为单细胞，偶尔在胶质管内；壳面 S 形，从中部向两端逐渐尖细，末端渐尖或钝圆，中轴区狭窄，S 形到波形，中部中央节处略膨大，具中央节和极节，壳缝 S 形弯曲，壳缝两侧具纵线纹和横线纹十字形交叉构成的布纹；带面呈宽披针形，无间生带；色素体片状，2 个，常具几个蛋白核。

此属广泛分布于淡水中，一些种类可出现在咸水水体。

此属在黄河发现了 5 种。

（1）刀状布纹藻 / 刀形布纹藻

***Gyrosigma scalproides* (Rabenhorst) Cleve**

鉴定文献：Cleve, 1894, p. 118.

特征描述：壳面 S 形，壳缝较窄，也呈 S 形。末端钝刀形。长 40 ～ 68 μm，宽 8 ～ 10 μm。线纹由点纹组成，排列紧密，近乎平行排列，横线纹在每 10 μm 内有 24 ～ 26 条。

此种分布范围广，四季均可观察到（图 2-92）。

10 μm

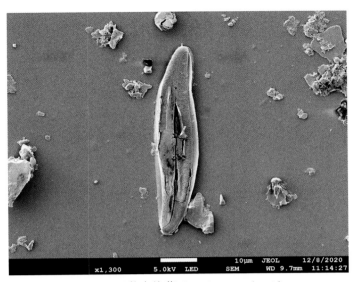

图2-92　刀状布纹藻 *Gyrosigma scalproides*

分布：东平湖、岳滩、博湖、唐克。

（2）尖布纹藻

***Gyrosigma acuminatum* (Kützing) Rabenhorst**

鉴定文献：Rabenhorst, 1853, p. 47, pl. 5. fig. 5a.

特征描述：壳面狭S形，壳面从中部向两端逐渐变狭，末端钝圆形。壳缝在中线上，弯曲度同壳面，中央节椭圆形。壳面线纹由点纹组成，横线纹和纵线纹数目相等，在10 μm内有16～20条，在我们观察的标本中，有的标本出现纵线纹略多于横线纹，即在10 μm内横线纹有16～20条，纵线纹有18～22条。壳面长82～190 μm，壳面宽11～20 μm（图2-93）。

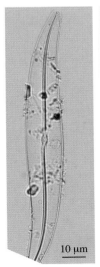

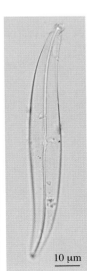
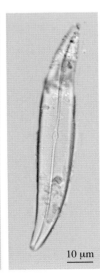

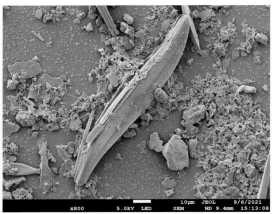

图2-93 尖布纹藻 *Gyrosigma acuminatum*

本种可生活于淡水、半咸水和咸水；常生活在湖泊、池塘、水库、溪流、江边、水坑、潮湿岩石上等流水、静水和半气生环境中，常与藻类、苔藓等混生。

分布：小浪底、黄河口湿地。

（3）渐狭布纹藻

Gyrosigma attenuatum (Kützing) Rabenhorst

鉴定文献：Rabenhorst, 1853, p. 47.

特征描述：壳面微微弯曲呈弱的S形，披针形，从中部向末端渐变窄，末端钝圆形。壳缝在壳面的中线上，壳缝微微S形。壳面横线纹和纵线纹不同，横线纹与中线垂直，在10 μm内有11 ～ 14条，纵线纹明显较粗，在10 μm内常见10条。壳面长129 ～ 235 μm，壳面宽15 ～ 28 μm（图2-94）。

此种类为淡水种，常生活在江河、湖泊、水库、水塘以及滴水岩壁等流水、静水、半气生环境中。在我国吉林、内蒙古、宁夏、西藏、贵州、陕西、山西、湖南、福建等多地有采集记录。

分布：小浪底。

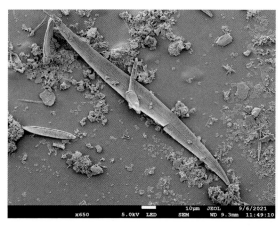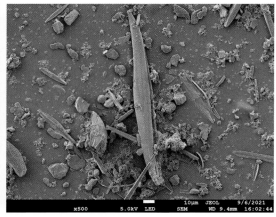

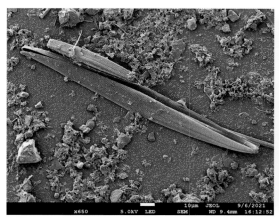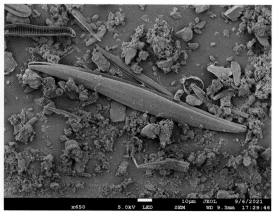

图2-94 渐狭布纹藻 *Gyrosigma attenuatum*

（4）扭转布纹藻

Gyrosigma distortum (Smith) Griffith & Henfrey

鉴定文献：Griffith & Henfrey, 1856, p. 303, pl. 11, fig. 20.

特征描述：壳面微微弯曲呈S形，披针形，从中部向靠近末端突然变窄并明显伸长略呈扭转状，末端圆形。壳缝在中线上，微弯曲呈S形。横线纹与中线垂直，在10 μm内有23 ~ 25条，纵线纹直线交叉，在10 μm内有24 ~ 27条。壳面长50 ~ 96 μm，宽12 ~ 20 μm（图2-95）。

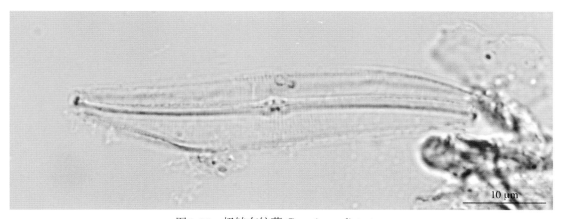

图2-95 扭转布纹藻 *Gyrosigma distortum*

此种为淡水和微咸水种类，常附生在江河、溪流、池塘的水草及潮湿的岩石表面上，有时也被在海水中发现。在我国福建、台湾、海南有采集记录。

分布：沁阳伏背。

（5）澳立布纹藻

Gyrosigma wormleyi Boyer

鉴定文献：Boyer, 1922, p. 7, pl. 2, fig. 10.

特征描述：壳面S形，壳缝较窄，呈S形。末端延伸呈尖嘴状。长97.7 ~ 121.5 μm，宽13 ~ 18 μm。线纹由点纹组成，排列紧密，近乎平行排列，在每10 μm 内有20 ~ 24 条（图2-96）。

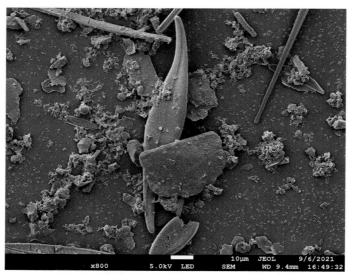

图2-96　澳立布纹藻 *Gyrosigma wormleyi*

此种类是淡水、微咸水或咸水种，常生活于湖泊、河口、水库环境中。

分布：小浪底。

假曲解藻属 *Pseudofallacia* Liu & Kociolek, 2012

壳体小，壳面线形椭圆形至椭圆形，末端圆形。壳面中部的无纹区呈竖琴形，线纹排布在一层特殊的硅质外覆膜上，由延长的粗点纹组成。

2012年，Liu 等人通过电子显微镜观察到一种舟形藻 *Navicula occulta* 上的竖琴形中央无纹区，以及壳面上特殊的硅质外覆膜，将其划分为一个新的属 *Pseudofallacia* (Liu et al., 2012)，此后一些原来是舟形藻属的种类陆续被纳入该属中。

本属在黄河流域仅发现1种。

（1）柔软假曲解藻

***Pseudofallacia tenera* (Hustedt) Liu & Kociolek**

鉴定文献：Liu & Kociolek, 2012, p. 625.

特征描述：壳体小，壳面椭圆形，末端圆形。壳面长14.5 ~ 16.0 μm，宽5.0 ~ 5.5 μm。壳面中部的无纹区呈竖琴形，线纹由粗点纹组成，横线纹在10 μm 内有19 ~ 20条（图2-97）。

此种喜生活于偏碱性水体和富营养湖泊中，在我国鄱阳湖（杨琦，2020）中曾有采集记录。

分布：乌梁素海。

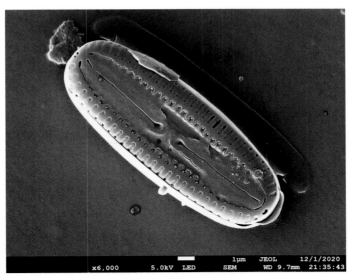

图2-97 柔软假曲解藻 *Pseudofallacia tenera*

海氏藻属 *Haslea* Lange-Bertalot, 1997

舟形细胞单生或生活在胶质管中。壳面披针形至梭形，在壳环面视图中呈长方形，与浅壳套紧密连接。点条纹单列，孔纹方形或矩形，其外部有纵向条带分布，其中许多条带是连续的，连接壳面两端；孔纹在内部被硅质膜封闭，壳缝系统位于壳面中央。本属常见于海洋环境中，偶见于淡水水域，包括浮游和底栖种类。

Lange-Bertalot在1997年提出了一个新的分类系统，将海氏藻属(*Haslea*)从舟形藻科(Naviculaceae)分离出来，Lange-Bertalot认为海氏藻属与舟形藻科其他属有明显的差异，外壳具有梭形或披针形的轮廓，尖锐的顶端，中央有加厚的横向肋骨形成狭窄的中央区域，并且有细长的纵向条纹覆盖在外壳上。这些特征与舟形藻科其他属如舟形藻属(*Navicula*)、羽纹藻属（*Pinnularia*）等不同。Lange-Bertalot认为海氏藻属的生殖方式是无性繁殖，主要是通过缩小型孢子（auxospore）进行。海氏藻属的缩小型孢子是由一个细胞发育而来，它们没有壳，可以在水中游动，并逐渐增大并形成新的壳。这与舟形藻科其他属生殖方式不同(Lange-Bertalot H., 1997)。

本属在黄河流域仅发现1种。

（1）针状海氏藻

Haslea spicula (Hickie) Lange-Bert.

鉴定文献：John, 1983, p. 64.

特征描述：壳面纺锤形，壳面中部略向中间缢缩。壳缝在光镜下可见，线形，纵向肋骨明显；中央区横向线纹有明显的线纹加厚；两个中央孔靠近，中轴区非常狭窄；线纹上的点孔纹相对粗糙，横线纹在10 μm内大于25条。壳面长45 ~ 50 μm，宽7 ~ 9 μm，长宽比约为5.5 ∶ 1（图2-98）。

此种曾在吉林和新疆有采集记录，在黄河流域是首次发现。由于此种类在之前的文献记载中均无中文名，笔者查阅了文献发现 *spicule* 的意思为细小的刚性结构，结合其外部形态建议将其命名为针状海氏藻。

分布：东平湖、红原。

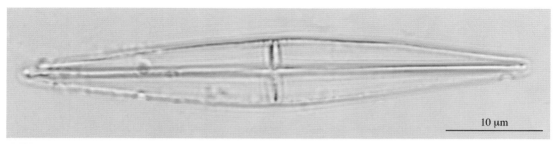

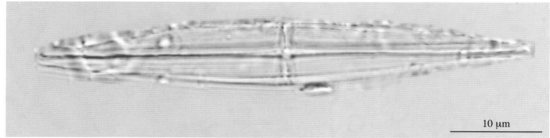

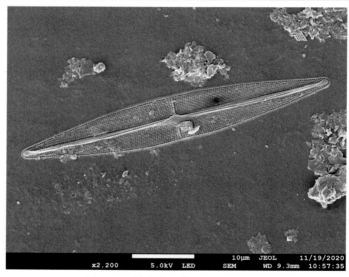

图2-98 针状海氏藻 *Haslea spicula*

美壁藻属 *Caloneis* Cleve, 1894

细胞单生。壳面呈线形、披针形、椭圆形、提琴形，中部两侧平行或凸起。壳缝直线形，具有圆形的中央节和极节，横线纹平行排列，在壳面中部略放射状排列。壳面两侧或中轴区两侧具1至多条纵线纹，带面长方形，不具间生带和隔膜。色素体片状，2个，每个藻细胞具2个蛋白核。

本属外形极像舟形藻属（*Navicula*），但本属线纹主要为肋纹，不同于舟形藻属常见的点线纹。本属与羽纹藻属（*Pinnularia*）那样的肋纹也极为相似。Patrick 和 Reimer (1966)

认为这两个属很相近。Cleve (1894)认为这两个属的区别在于：条纹排列方向不同，本属线纹呈平行排列，而羽纹藻属线纹呈汇聚状排列。

本属主要为底栖性种类，在淡水、半咸水或海水中均有分布。

本属在黄河流域发现2种。

（1）杆状美壁藻
Caloneis bacillum (Grunow) Cleve

鉴定文献：Cleve, 1894, p. 99.

特征描述：壳面线形披针形，末端圆形。中央区有矩形无纹区，无纹区直达壳缘，轴区窄，清楚。壳缝直，具有明显的中央孔。长15～60 μm，宽3.0～9.5 μm。壳缝两侧线纹平行排列，在每10 μm内有14～17条（图2-99）。

图2-99　杆状美壁藻 *Caloneis bacillum*

此种常生活于各类淡水水体中，属广布性种类。

分布：大河家。

（2）高山美壁藻

***Caloneis alpestris* (Grunow) Cleve**

鉴定文献：Cleve, 1894, p. 53.

特征描述：壳面线形至线椭圆形，壳面中部略微膨大，末端圆形或钝圆形。轴区细长的窄披针形，中央区矩形。在中央节的每一边有一条半月形的硅质增厚条，是由一列疑孔排列形成。壳缝直，丝状。横点线纹在中部几乎是平行排列，逐向末端呈微辐射状排列，在10 μm内有17～21条。纵线纹（或纵条带）与横点线纹交叉。壳面长39～69 μm，宽8～12 μm（图2-100）。

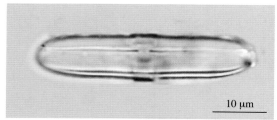 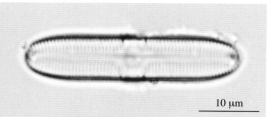

图2-100　高山美壁藻 *Caloneis alpestris*

淡水，常生活在河湖、水塘、泉水、溪流以及潮湿的岩石表面等流动水及静止环境中。此种类在我国西藏有采集记录。

分布：鄂陵湖。

泥栖藻属 / 泥生藻属 *Luticola* Mann, 1990

细胞单个，少有形成丝状群体。舟状，常见壳面观。壳面线形、披针形或椭圆形，末端尖圆、钝圆至头状。壳面平坦或扁平，与壳套显然不同，壳面与壳套有时靠刺连接。

轴区窄，中心区横向扩大形成短状辐节（stauros）或矩形。壳缝或壳缝骨相当窄，近缝端偏斜、弯曲或突然弯曲，远缝端常弯曲与近缝端形成明显的相反方向。横线纹辐射状排列，单列线纹由或多或少的圆形（孔点）组成，在壳面的一侧有一个明显的独立孔（点）纹，壳面上的孔纹因覆盖而闭塞形成疑孔（poroids）。壳环面观，出现的带是开口的，每一条带通常有1列或2列小的圆形疑孔。

据Mann（1999）在电镜下的观察：中心区扩大的辐节是壳缝骨（raphe-sternum）横向增厚形成的。壳面中心区一侧的独立孔纹在外壳面是一单孔纹，在内壳面则呈唇瓣状的内开口。近缝端在内壳面呈直形、简单或微唇状，壳环带上有粗糙连续的突出部（边缘）。

色素体（或质体）1个，位于壳环中心一侧：2裂片延伸至壳面之下，在横轴中央的任何一边，裂片纵向弯入至壳缝。有一个中心蛋白核。

依据壳缝的组合、孔纹的排列和构造以及独特的气孔纹，从舟形藻属（*Navicula*）移出，新建了泥栖藻属（*Luticola* Mann）（1990）。此属的建立对与其有亲缘关系的全链藻属（*Diadesmis*）有重要意义。本属和全链藻属之间，虽然关系密切，但最明显的区别是：本属壳缝的近缝端弯向一侧，后者壳缝近缝端是明显呈较直的T形。

本属在黄河流域发现5种，其中1个为变种。

（1）赫氏泥栖藻

Luticola hlubikovae Levkov

鉴定文献：Levkov et al., 2013, p. 130, pl. 55, figs. 18-29.

特征描述：壳面菱形椭圆形至宽椭圆形或菱形披针形，末端近尖圆。轴区窄，有时在中心区扩大形成不达边缘的矩形，其中一侧有一个清晰的独立孔纹。壳缝线形，直，近缝端呈钩状，向一侧微弯，远缝端呈"？"形，弯向壳面同侧。横线纹略辐射排列，由明显的小孔纹组成。中心区两侧边缘孔纹呈规则的短条纹，线纹在10 μm内有18～20条。壳面长17.9～30.1 μm，壳面宽7.9～9.1 μm（图2-101）。

此种在长江偶有分布记录，春夏冬三个季节均可观察到。

分布：唐克。

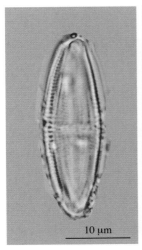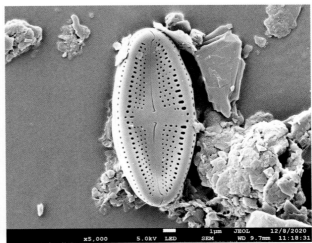

图2-101 赫氏泥栖藻 *Luticola hlubikovae*

（2）拉氏泥栖藻中型变种

Luticola lagerheimii **var.** *intermedia* **(Hustedt) Li & Qi**

鉴定文献：Li & Qi, 2018, p. 44, pl. V [5], figs. 10, 11.

特征描述：本变种壳面菱形披针形，壳缝无三波形，末端宽钝圆形。轴区窄，中心区扩大呈矩形，但不达边缘。中心区一侧有一个小的独立点纹。壳缝丝状，近缝端微弯向一侧。壳面横线纹辐射排列，由细点纹组成，在 10 μm 内有 18 ~ 20 条。壳面长 15.0 ~ 25.5 μm，宽 5.3 ~ 6.8 μm（图 2-102）。

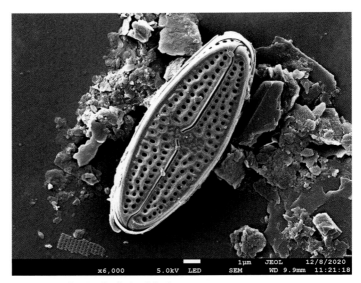

图 2-102　拉氏泥栖藻中型变种 *Luticola lagerheimii* var. *intermedia*

此种一般喜亚气生生活，生长在长有苔藓植物的岩石表面和潮湿树皮的环境中。在我国黑龙江、内蒙古、上海、浙江等地均有采集记录（李家英和齐雨藻，2018）。

分布：唐克。

（3）科恩泥栖藻

Luticola cohnii **(Hilse) Mann**

鉴定文献：Mann, 1990, p. 670.

特征描述：壳面宽椭圆形至线椭圆形，末端较宽的圆形至近圆形。轴区明显的线形，中心区扩大形成矩形但不达壳缘。在中心区一侧有一个较大而明显的单孔纹。壳缝弧线形，近缝端较粗，向一侧偏斜。横线纹由较细孔纹组成，辐射排列，孔纹大小几乎一致，孔线纹在 10 μm 内有 14 ~ 26 条，孔纹有 16 ~ 18 个。壳面长 14 ~ 40 μm，宽 4 ~ 11 μm（图 2-103）。

此种常生活于各类淡水、微咸水和咸水中，在江河、湖泊、潮湿草地、小水池的湿土表、小流水石表、湖边沼泽、小泉等水生、近水生及气生的环境中均有分布，pH 6.0 ~ 8.0。此种在我国黑龙江、山西、山东、四川、湖南、湖北等多地均有采集记录。

分布：唐克。

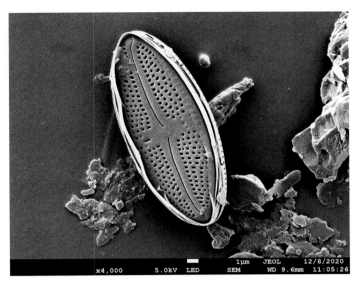

图 2-103　科恩泥栖藻 *Luticola cohnii*

（4）雪白泥栖藻
Luticola nivalis **(Ehrenberg) Mann**

鉴定文献：Mann, 1990, p. 671.

特征描述：壳面线形至线椭圆形，两侧边缘三波状，末端宽喙状或宽鸭嘴状。轴区很窄，线形，中心区横向扩大，不达壳缘，在中心区的一侧有一个不明显的斑点纹（斑点纹微弱，有时可忽略）。壳缝直线形，近缝端微侧斜。壳面横线纹由点组成，整个壳面辐射排列。点条纹在 10 μm 内有 15 ~ 24 条，点纹在 10 μm 内 18 ~ 20 个。壳面长 18.0 ~ 26.5 μm，宽 7 ~ 10 μm（图 2-104）。

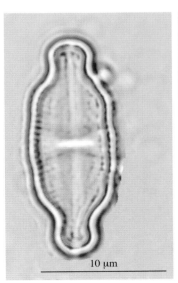
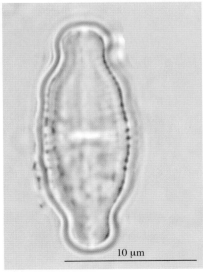
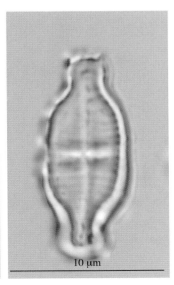

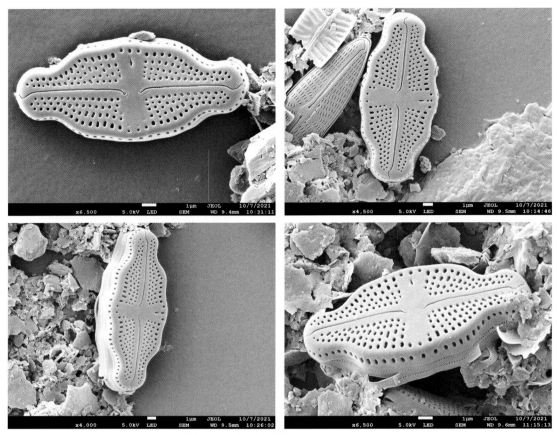

图2-104　雪白泥栖藻 *Luticola nivalis*

此种常生活于各类淡水或微咸水中，偶尔出现在海水中，主要生长在湖、河、水沟、泉水、沼泽化水坑等环境中，pH 6.5 ～ 8.0。

分布：乌梁素海、东平湖。

（5）钝泥栖藻

Luticola mutica (Kützing) Mann

鉴定文献：Levkov et al., 2013, p. 282, pl. 1, figs. 1-53.

特征描述：壳面线形披针形，边缘中部略凸出，末端呈钝圆形，长10.5 ～ 18.6 μm，宽4.8 ～ 7.5 μm，横线纹在10 μm 内有21 ～ 30 条（图2-105）。

本种常分布在水库、湖泊中，在我国福建沿海岛屿附近有记录。

分布：博湖、鄂陵湖。

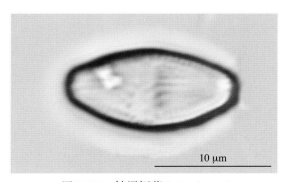

图2-105　钝泥栖藻 *Luticola mutica*

双壁藻属 *Diploneis* Ehrenberg, 1844

细胞单生。壳面椭圆形、卵圆形到线形，末端钝圆。壳缝呈直线型，中央节侧缘形成硅质的角状凸起，壳缝位于其中，凸起外侧具有纵沟；纵沟外侧具点状的横线纹，或者具有横肋纹。带面长方形，无间生带和隔片。色素体片状，2个，缺刻状，分别靠近环带，具1个蛋白核。

本属生长在淡水中的种类较少（金德祥和程兆第，1982）。生活在淡水中的种类壳面很少发生缢缩，壳面大多数是椭圆形。

本属壳面构造比较复杂，个体大小也有明显差别。由于壳面构造具有特殊的纵沟和角凸，因此本属的分类主要依据肋间有无蜂窝状孔纹、肋纹数量、中央节、纵沟和壳面形状。

本属在黄河流域发现6种，其中1个变种、1个变型。

（1）卵圆双壁藻

Diploneis ovalis (Hilse) Cleve

鉴定文献：Cleve, 1891, p. 44, pl. 2, fig. 13.

特征描述：壳面椭圆形，末端钝圆形。壳面长15 ～ 60 μm，宽9 ～ 23 μm。中央节扩大成圆形；纵沟通常窄，在中部加宽；横肋纹较粗壮，辐射状排列，在10 μm内有8 ～ 14条；两肋间的蜂窝状孔纹不明显，单列，孔纹在内壁开孔，外壁是疑孔，蜂窝状孔纹在10 μm内有12 ～ 21个（图2-106）。

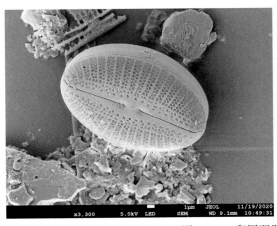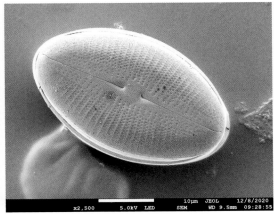

图2-106 卵圆双壁藻 *Diploneis ovalis*

此种类常生活于淡水、微咸水中，常生活于河流、湖泊、山溪、小水池等流水和静水环境中。在我国黑龙江、吉林、辽宁、陕西、山西、西藏、湖南、福建等多地均有采集记录（李家英和齐雨藻，2010）。

分布：建林浮桥、武陟渠首、拴驴泉、白马寺、鄂陵湖。

（2）椭圆双壁藻
***Diploneis elliptica* (Kützing)Cleve**

（2a）椭圆双壁藻原变种
***Diploneis elliptica* var. *elliptica* (Kützing)Cleve**

鉴定文献：Krammer & Lange-Bertalot, 1986, p. 658, pl. 108, figs.1-4.

特征描述：细胞个体较大，长20 ~ 130 μm，宽10 ~ 60 μm。壳面椭圆形，两端呈钝圆形；中央节点大，壳缝两侧的纵向管道加厚，在壳面中间形成明显的拱形；线纹由粗点孔组成，10 μm内8 ~ 14条（图2-107）。

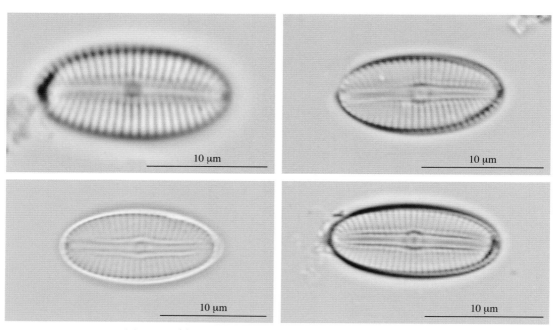

图2-107　椭圆双壁藻原变种 *Diploneis elliptica* var. *elliptica*

本种生长在水坑、池塘、湖泊、河流、泉水、沼泽中，淡水和半咸水均可生长。国内外普遍分布。

分布：红旗、博湖、乌梁素海。

（2b）椭圆双壁藻长圆变种
***Diploneis elliptica* var. *oblongella* (Naegeli) Cleve**

鉴定文献：Kützing, 1849, p. 890.

特征描述：本变种与原变种的主要区别：壳面线状椭圆形，两侧边缘几乎平行，末端宽圆形。中央节较小。纵沟很细（窄），构造比原变种细致。横肋纹在10 μm内有8 ~ 18条，孔纹在10 μm内有15 ~ 28个。壳面长15 ~ 30 μm，壳面宽7 ~ 10 μm（图2-108）。

此种类为淡水至微咸水种，常生活在湖泊、溪流、水坑、泉水、水库、稻田、沼泽等流水和静水环境中。在我国多地有采集记录。

分布：建林浮桥、武陟渠首、拴驴泉。

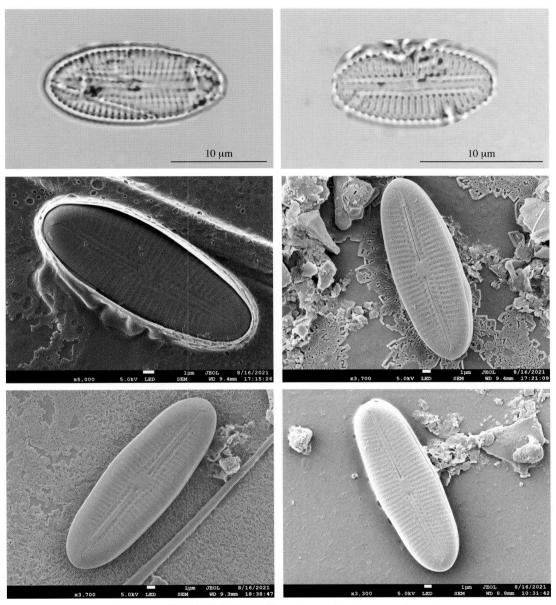

图 2-108 椭圆双壁藻长圆变种 *Diploneis elliptica* var. *oblongella*

（3）卡西双壁藻
Diploneis calcilacustris **Lange-Bertalot & Fuhrmann**

鉴定文献：Lange-Bertalot & Fuhrmann, 2016, figs. 8-24, 109-111.

特征描述：本种在光镜条件下的形态学特征为壳面椭圆形至长椭圆形，两端略呈钝圆形；壳缝直，壳缝两侧具中央节侧缘延长形成的角状凸起，其外侧具宽或狭的线形至披针形的纵沟，纵沟外侧具横肋纹或由点纹连成的横线纹；带面长方形，无间生带和隔片；色素体片状，2个，每个具1个蛋白核。中轴区狭窄且呈线性，中心区宽

2.5 ～ 3.0 μm。细胞长 20 ～ 40 μm，宽 12 ～ 16 μm，长宽比为 1.6 ～ 2.7。中央节侧缘形成硅质的 H 形角状凸起，壳缝位于其中。轴向区狭窄。中心区呈椭圆形，为壳面宽度的 1/4 ～ 1/5。在电镜条件下的形态学特征为壳面椭圆形至长椭圆形，线纹末端有 1 ～ 2 个小孔，与线纹紧密相连，线纹在 10 μm 有 10 ～ 12 条。孔纹在 10 μm 内 13 ～ 15 个，呈双列排列；壳缝远缝端弯向一侧，近缝端壳缝略扩张。

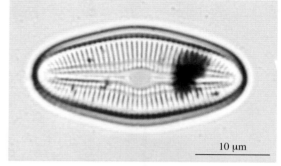

本种与椭圆双壁藻（*Diploneis elliptica*）形态极为相似。不同之处在于椭圆双壁藻线纹和孔纹密度大致相等，肋间具单行孔纹。卡西双壁藻线纹与孔纹排列较椭圆双壁藻更粗糙，肋间具双行孔纹（图 2-109）。

此种为中国新记录种。

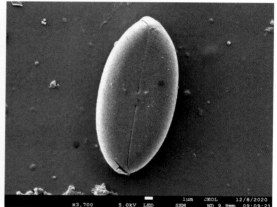

图 2-109　卡西双壁藻 *Diploneis calcilacustris*

（4）幼小双壁藻
Diploneis puella (Schumann) Cleve

鉴定文献：Schumann, 1867, fig. 39.

特征描述：壳面椭圆形，末端略尖圆形。中央节较小。壳缝直线形，近缝端和远缝端处均无侧弯；纵沟狭窄，线形，在中央节处略为加宽。横肋纹辐射状排列，在 10 μm 内有 10 ～ 22 条。壳面长 12 ～ 24 μm，宽 6.0 ～ 13.5 μm（图 2-110）。

此种类为淡水或微咸水种类，常生活在江河、湖泊、水库、溪流、水塘、稻田、泉水等流动和静水环境中。

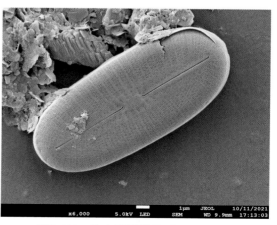

图 2-110　幼小双壁藻 *Diploneis puella*

（5）芬尼双壁藻中华变型

Diploneis finnica f. _sinica_ Skvortzow

鉴定文献：Skvortzow, 1929, p. 42, pl. 2, fig. 10.

特征描述：壳面椭圆形，包围壳缝的硅质肋纹非常发达且宽，末端宽圆形。中央节椭圆形，并清楚地延长，但较窄。壳缝近端缝距离较远。纵沟宽，形成一个披针形构造，约占壳面宽度的1/3。纵沟外侧肋纹间有单列或双列的蜂窝状孔纹，肋纹在10 μm内有10条，孔纹在10 μm内有11～15个。纵沟内有连续的横肋纹、外壁有较强的疑孔，疑孔常常是双列，内壁没有明显的孔纹。壳面长32 μm，宽20 μm（图2-111）。

图2-111 芬尼双壁藻中华变型 _Diploneis finnica_ f. _sinica_

本种为淡水或微咸水种类，常生活在山区溪流环境中。

分布：东平湖。

双肋藻属 _Amphipleura_ Kützing, 1844

细胞单个，舟状，两端钝圆。本属的显著特征在于其壳面沿顶轴方向具一条窄肋纹位于壳面中间，在壳面顶端形成分支，围绕壳缝，形成"针眼"结构，壳缝短，局限于"针眼"结构内；组成线纹的点孔小（直径约0.25 μm），导致线纹非常细。

色素体1个或2个，板状，平行位于壳环面的两侧。有复大孢子。

细胞的大小和形状、中央节两端分叉的长度和壳面点线纹的数量，是本属分种的标准。常出现在碱性水体中。

本属在黄河流域发现仅1种。

（1）橙红双肋藻

Amphipleura rutilans (Trentepohl) Cleve

鉴定文献：Cleve, 1894, fig. 11.

　　特征描述：壳面线状披针形，末端钝圆形。中央节纵向延长。壳缝长度大约为壳面的1/3。横线纹清楚，在壳面中部平行，在 10 μm 内 24 ~ 28 条线纹；靠近末端略微辐射状排列，在 10 μm 内 30 条线纹。壳面长 13 ~ 36 μm，宽 4 ~ 6 μm（图 2-112）。

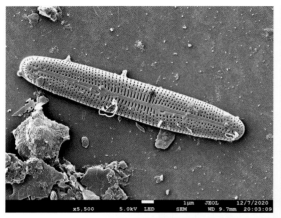
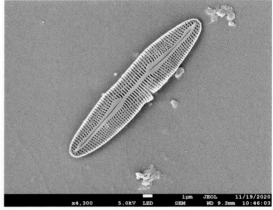
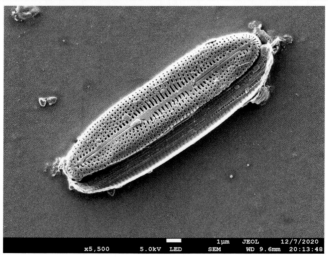

图 2-112　橙红双肋藻 *Amphipleura rutilans*

　　此种类可以生活在湖泊、水塘等静水水体中。在我国西藏、福建等地均有采集记录。

　　分布：东平湖、乌梁素海。

塘生藻属 *Eolimna* Lange-Bertalot & Schiller, 1997

　　本属藻类常以单细胞存在；藻细胞较小，壳环狭窄；简单蜂窝状的肋突结构；被膜覆盖的孔纹位于大孔内部或外部的中部；具有一排或多或少不规则排列的彼此靠近的孔纹，位于一个或多个节间带上，典型种类为 *Eolimna martinii*。

　　此属从舟形藻属中分出。基本特征和舟形藻属相似。不同之处在于，本属藻类表面常覆盖一层膜状结构，并且膜状物陷入小的孔纹间隙中 (Kulikovskiy et al., 2015)。

　　本属在黄河流域仅发现 1 种。

（1）小塘生藻

Eolimna subminuscula Lange-Bertalot & Rumrich

鉴定文献：Lange-Bertalot & Rumrich, 1981, p. 136-138, pl. 1, figs. 1-20; pl. 2, figs. 63, pl. 3, figs. 79, 80.

特征描述：壳面长7 ~ 12 μm，宽5 ~ 7 μm。壳缝呈线性，末端分支略弯曲，中轴区向两端加厚，呈线形，仅在中心稍微变宽。横向条纹辐射状分布，在10 μm范围内有20 ~ 28列不规则条纹（图2-113）。

分布：小峡桥。

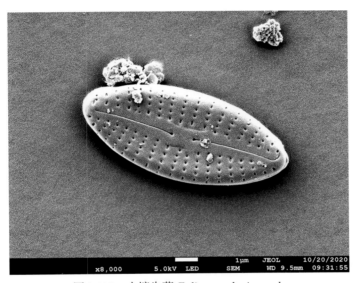

图2-113　小塘生藻 *Eolimna subminuscula*

蹄形藻属 *Hippodonta* Lange-Bertalot, Witkowski & Metzeltin, 1996

细胞单个（生），细胞常以壳面观和带面观出现，许多种仅以矩形状的带面观显现。细胞壳体硅质化强。壳面椭圆形、披针形、线形，末端头状仅在个别种具有。壳面不平坦，常呈强的拱（弓）形。壳套通常特别高。壳缝骨宽，平坦和简单，界线分明，壳缝凸出，从离螺旋舌（喇叭舌）至相当远的近缝端几乎是平行的，外壳缝无远裂缝。与舟形藻属（*Navicula*）对比，壳面横肋纹由孔纹组成，常呈单列，短条状或少有圆形和双列。细胞有两个相对排列的色素体位于环带边。

本属生活在中度电解质丰富的淡水至微咸水的环境中。

本属在黄河流域仅发现1种。

（1）头状蹄形藻

Hippodonta capitata (Ehrenberg) Lange-Bertalot & Metzeltin

鉴定文献：Lange-Bertalot, 2001, p. 386, pl. 75, figs. 1-6.

特征描述：壳面椭圆披针形，末端延长近头状至头状。轴区狭窄，中心区小形，略有扩大，通常围绕中央孔，远端区有明显的无纹透明区，形如冒状。壳缝直，丝状，近缝端和远缝端不偏斜，中央孔相当靠近。壳面横线纹明显的宽，在中部辐射，向末端聚集排列。壳面线纹在 10 μm 内有（中部）6 ～ 9 条，两端 10 μm 内有 10 ～ 12 条。壳面长 20 ～ 28 μm，宽 6 ～ 8 μm（图 2-114）。

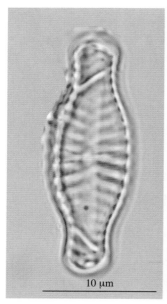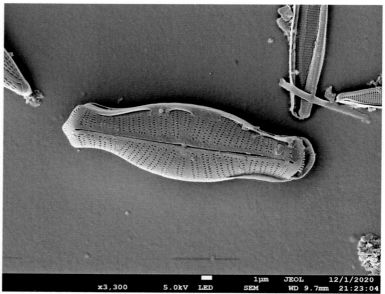

图 2-114　头状蹄形藻 *Hippodonta capitata*

此种为淡水性种类，常生活于湖泊、河流、冲积小湖、溪流、沼泽草滩、湿地环境中。在我国黑龙江、西藏、贵州、湖南等多地均有采集记录。

分布：乌梁素海。

胸隔藻属 *Mastogloia* Thwait, 1856

植物体为单细胞或由胶质互相粘连成泡状群体，常由丰富的胶质附着于基质上；壳面披针形、椭圆形、菱形或线形，末端钝圆、渐尖或喙状；上下壳面均具壳缝，壳缝直，其两侧具横线纹或点纹，中轴区狭窄，具小的中央节和极节；带面长方形，壳与壳环之间具一细的纵裂的长方形中间隔膜，每一隔膜中部具一大型的卵形穿孔及互相平行而与两侧边缘垂直的细的线形穿孔，此穿孔为壳面花纹的一部分；色素体片状，2 个，具 1 个蛋白核。

此属绝大多数种类是生长在海生和咸水中，仅少数种类是淡水种类。

本属在黄河流域仅发现了 1 个变种。

（1）史密斯胸隔藻双头变种
Mastogloia smithii var. *amphicephala* Grunow

鉴定文献：Heurck, 1880, pl. 4, fig. 27.

特征描述：壳面舟形，壳面末端强烈地延长呈头状。轴区很窄，中央区小，近椭圆形或近方形。壳缝细线形，直。壳面横线纹由点组成，线纹平行或略微辐射状排列，在

10 μm内有15 ～ 19条，点纹在10 μm内有14 ～ 17个。中轴区有强烈硅质化的肋，形成隔室，隔室大小几乎相等，仅在两端隔室小并距离壳面末端较远，在10 μm内有6 ～ 8个，隔室内缘凸出。壳面长20 ～ 45 μm，宽8 ～ 14 μm（图2-115）。

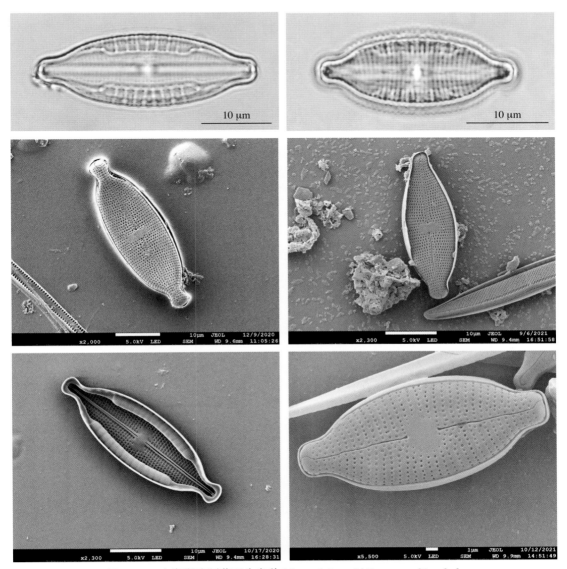

图2-115 史密斯胸隔藻双头变种 *Mastogloia smithii* var. *amphicephala*

此种常生活于湖泊、水池、水塘等静水生境中。此种在我国新疆、宁夏、陕西、西藏等多地均有采集记录（李家英和齐雨藻，2010）。

分布：乌梁素海。

羽纹藻属 *Pinnularia* Ehrenberg, 1841

细胞单生，偶见连成带状或丝状群体。间生带（间插带）和隔膜缺如。据Round等

（1990）的观察，壳环由少数开口带组成，第1带常最宽并具有1列伸长的疑孔（poroid）。此属的形状大小变化很大，小型个体的长度仅有11 μm左右，大型个体的长度可达450 μm左右。壳面舟状，具3条等极主轴，壳面平坦或壳缘弯至壳套。壳面线形、披针形、线状披针形、椭圆形和椭圆披针形，有时壳缝呈浪（波）曲状，末端头状、喙状或圆形。轴区和中心区清楚，窄线形或宽披针形，有的种类轴区非常发育，轴区的宽度可达壳面宽度的1/3～1/2；中心区圆形、椭圆形、菱形，有的扩大直达壳缘形成横带，具中央节（central nodule）和端节（terminal nodule）。壳缝（raphe）发达，有简单的线（丝）状和复杂的双线扭曲或双螺旋的线条状，壳缝构造复杂，由外裂缝或外壳缝、内裂缝或内壳缝、近缝端、远缝端、中央孔等组成。沟（槽）、缝和舌状缝普遍存在，在较大型种中常呈双螺旋状。

壳面横纹随种类而异。小型的和壳壁薄的种类具线纹；大型的和壳壁厚或有双壁构造（组织）的种类，横纹由长室孔或隔室构成。每个长室孔的外表层有数列圆形小眼纹或网纹，并在外表面排列成梅花形的花纹，梅花纹往往被一薄膜覆盖，在光学显微镜下不易看清。长室孔的内壁由平滑的硅质板组成，其内层以一个横向长形孔或椭圆形开孔与细胞腔相通，长室孔及其内开孔的宽度随种类而异，开孔的两条侧面边缘，在外壳面观显现为与横纹交叉的两条纵线。

羽纹藻的繁殖方式主要是无性分裂，有的也可通过有性繁殖形成复大孢子。色素体2个，片状或板状，位于细胞壳环带面，每个色素体具1个蛋白核。

羽纹藻属是一个较大的属，多数种类生活在淡水沿岸带，尤其在低电解或低矿物水体环境中发育良好。

本属在黄河流域发现4种，其中1个为变种。

（1）极歧纹羽纹藻

Pinnularia divergentissima (Grunow) Cleve

鉴定文献：Grunow, 1880, p.122, figs. 1-4.

特征描述：壳面线形至线状披针形，两侧边缘轻微凸出，末端钝圆，近似喙状。轴区窄，线形，中心区扩大呈中度宽的横带，常常不对称。壳缝常直，中央孔小，微弯向一侧，远缝端比较大，"?"形。歧纹至末端的一处突然变化，向壳面中央强烈辐射状排列，向末端强烈聚集状排列，在分界处有两条线纹形成V形或"人"字形构造，横线纹10 μm内有10～14条。壳面长24～47 μm，宽4～8 μm（图2-116）。

此种常生活于淡水中，在河流、湖泊、沼泽、山泉、小河沟、溪流中均有分布，喜pH为6.5～7.5。在我国吉林、西藏、湖南、贵州等多地均有采集记录（李家英和齐雨藻，2014）。

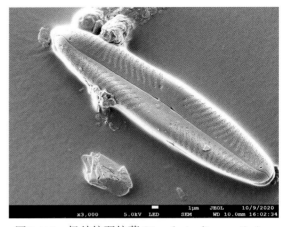

图2-116　极歧纹羽纹藻 *Pinnularia divergentissima*

分布：若尔盖、岳滩、万家寨水库。

（2）头端羽纹藻

Pinnularia globiceps **Gregory**

鉴定文献：Gregory, 1856, p. 10, pl. 1, fig. 34.

特征描述：壳面线形，中部凸出，末端宽头状。中心区扩大形成菱形，横带直达壳缘。壳缝直线形，在中部微侧斜。中央节大，圆形。远缝端通常直或微弯向一边。壳面横线纹在中部辐射状至较强辐射状排列，向末端微聚集状排列，在10 μm内有12～15条。壳面长30.3～38.0 μm，宽73～80 μm（图2-117）。

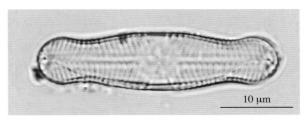

图2-117 头端羽纹藻 *Pinnularia globiceps*

此种类在我国内蒙古岱海和河北承德曾有采集记录。

分布：乌梁素海。

（3）小十字羽纹藻长变种

Pinnularia stauroptera **var.** *longa* **Cleve**

鉴定文献：Cleve, 1955, p. 67, fig. 1091.

特征描述：壳面线形披针形，边缘微波曲，末端喙状圆形。中心区扩大呈蝴蝶状，横带直达边缘。壳缝略呈S形弯曲，近缝端弯斜，远缝端向另一端弯斜。壳面横线纹在10 μm内有10～14条。壳面长30～90 μm，壳面宽6.0～12.5 μm（图2-118）。

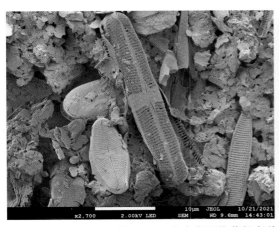
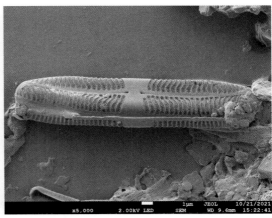

图2-118 小十字羽纹藻长变种 *Pinnularia stauroptera* var. *longa*

淡水生，常生长在湖泊、水坑、小溪、积水、水稻田等环境中。适宜于偏酸性水体中。在我国贵州、西藏等地有采集记录。

分布：龙羊峡出水口。

（4）间断羽纹藻

Pinnularia infirma **Krammer**

鉴定文献：Krammer & Lange-Bertalot, 1986, p. 810, pl. 183, figs.14-17.

特征描述：细胞长 18 ~ 51 μm，宽 4.5 ~ 9.0 μm。壳面线形椭圆形，在中间略凹入，两端呈头状；轴区较窄，中央空白区可延长至壳面两侧边缘，近壳缝端明显向同侧弯曲；线纹在壳面中间近乎平行，10 μm 内 9 ~ 12 条（图 2-119）。

分布：博湖。

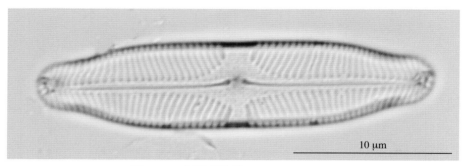

图 2-119　间断羽纹藻 *Pinnularia infirma*

半舟藻属 *Seminavis* Mann, 1990

壳面略具背腹之分，呈半披针形，背缘弯曲，腹缘平直或略凸出，末端圆形。壳缝中位或略偏向腹侧，近缝端末端膨大并略偏向背侧。中轴区披针形，中央区大多不明显。线纹放射状或近平行排列。该属在盐度较高的水域中经常出现。

本属在黄河流域仅发现 1 种。

（1）薄壁半舟藻

***Seminavis strigosa* (Hustedt) Mann & Economou-Amilii**

鉴定文献：Karthick et al., 2013, pl. 97; Wachnicka & Gaiser, 2016, p. 439.

特征描述：壳面半椭圆形，背缘凸出，腹缘平直，末端钝圆形，中轴区明显。线纹 10 μm 内 10 ~ 20 条。壳面长 20 ~ 30 μm，壳体宽（带面）8 ~ 15 μm。壳缝略呈 S 形，近缝端弯向腹侧，远缝端都弯向背侧。背侧轴区具有空白区（图 2-120）。

分布：东平湖、乌梁素海。

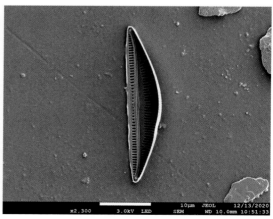

图 2-120　薄壁半舟藻 *Seminavis strigosa*

曲壳藻目 Achnanthales

曲丝藻科 Achnanthidiaceae

曲丝藻属 *Achnanthidium* Kützing, 1844

细胞单生或形成链状群体存在，通常个体较小。壳面狭窄，壳面披针形或披针形椭圆形，末端圆头状或喙状。一个壳面有壳缝，另一个壳面无壳缝，具壳缝面一端分泌胶质柄附着于基质上；壳缝在外壳面中部膨大，在两端末端直或弯曲向壳面一侧，线纹一般为单列，辐射状排列；无壳缝面中央区或无，线纹呈略辐射状排列或平行状排列；带面观呈浅V形。

1833年，Kützing建立了曲丝藻属(*Achnanthidium*)(Kützing, 1833)。1980年，Round等人将其归入曲壳藻属(*Achnanthes*)(Round & Bukhtiyarova, 1996b)。由于分类体系的演化，1996年又被移出曲壳藻属，将其单独划分为曲丝藻属(Round & Bukhtiyarova, 1996a)。Krammer和Lange-Bertalot(2012)并未将曲丝藻属单列为一属，而是将曲壳藻属划为两个亚属——曲壳藻亚属(*Achnanthes*)和曲丝藻亚属(*Achnanthidium*)。曲壳藻亚属壳面和壳套点孔纹粗糙，从宽壳环面观察，有一个单一的点孔纹带；无壳缝壳面通常有一个不同程度偏心狭窄的中轴区。而曲丝藻亚属不具备上述特征，如果壳面点孔纹粗糙，则至多有一单一的点孔纹环围绕着壳套，单一的壳环带呈无纹状；无壳缝面的中轴区通常呈椭圆形至宽线形。依据Round等人(1996a)，曲壳藻科(Achnanthaceae)被划分为曲壳藻属(*Achnanthes*)和曲丝藻属(*Achnanthidium*)。

本属可在流速较快的水体中大量存在，多为好氧种类。

本属在黄河发现11种，其中3个为变种。

（1）富营养曲丝藻
Achnanthidium eutrophilum (Lange-Bertalot) Lange-Bertalot

鉴定文献：Lange-Bertalot & Metzeltin, 1996, pl.78, figs. 29-38; Ponader & Potapova, 2007, pl. 1, figs. 11-16.

特征描述：细胞长5.5 ~ 15.0 μm，宽2 ~ 4 μm。壳面菱形椭圆形到菱形披针形，两端呈窄头状、亚头状、喙状或亚喙状；壳缝面凹，轴区线形，在中间略加宽，壳缝直，近壳缝端略膨大；无壳缝面凸，轴区窄线形，在中间略加宽；壳面中间有几条线纹间距较宽，线纹在整个壳面呈辐射状，10 μm内25 ~ 35条（图2-121）。

此种类曾在鄱阳湖中有采集记录(杨琦，2020)。

分布：东平湖、桩埕路桥、刁口河滨孤路桥、武陟渠首、拴驴泉、五龙口、大横岭、白马寺、洛河大桥、潼关吊桥、若尔盖、唐乃亥、龙羊峡水库入水口、韩武村、汾河水库出口、河西村、红圪卜、峡塘、边墙村、扎马隆、什川桥。

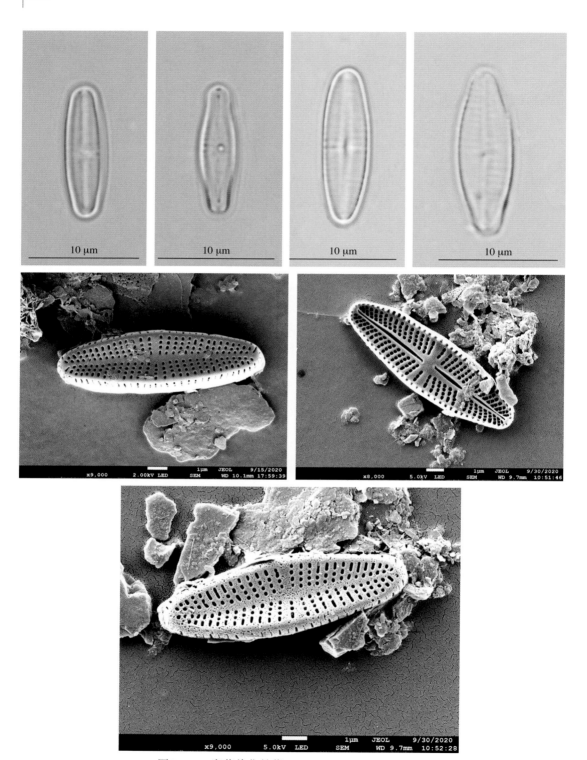

图 2-121   富营养曲丝藻 *Achnanthidium eutrophilum*

（2）高尔夫曲丝藻
Achnanthidium caledonicum **(Lange-Bertalot) Lange-Bertalot**

鉴定文献：Slate & Stevenson, 2007, p. 22, figs. 2, 73.

特征描述：壳面呈线形到线形披针形，末端呈头状，长度为 18.0 ～ 22.7 μm，宽度为 2.0 ～ 3.2 μm，线纹在壳面中央平行，在末端轻微辐射。具壳缝面中轴区呈线形，在壳面中部呈披针形，中央区菱形，线纹在中部 10 μm 内 30 ～ 35 条，在末端 10 μm 内 35 ～ 37 条。无壳缝面中轴区呈线形，中央区呈小的菱形状，线纹和具壳缝面无区别。壳面线形披针形，末端头状。壳面长 20 ～ 23 μm，宽 2.3 ～ 3.0 μm。线纹微辐射状排列，10 μm 内 28 ～ 30 条（图 2-122）。

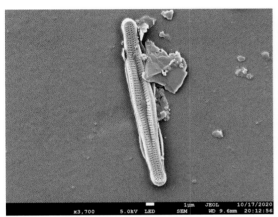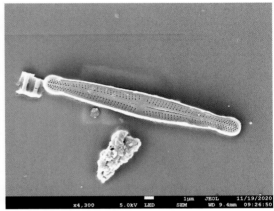

图 2-122　高尔夫曲丝藻 *Achnanthidium caledonicum*

此种类在我国鄱阳湖中曾有采集记录（杨琦，2020）。

分布：贵德、玛曲。

（3）极小曲丝藻
Achnanthidium minutissimum **(Kützing) Czarnecki**

（3a）极小曲丝藻原变种
Achnanthidium minutissimum var. *minutissimum* (Kützing) Czarnecki

鉴定文献：Linnaea, 1998, p. 578, fig. 54.

特征描述：有文献将此种称为极细微曲丝藻。壳面长 5.0 ～ 18.7 μm，宽 1 ～ 3 μm。壳面线形披针形，两端延长或呈微头状；壳缝面凹，无壳缝面凸；壳缝直，轴区窄；中央区附近的线纹通常被隔断，形成对称或不对称的空白带，线纹单列，呈辐射状，在光镜下不清晰，借助电子显微镜才看到线纹，10 μm 内 25 ～ 35 条（Novais et al., 2015）（图 2-123）。

此种类为普生性种类，在我国多地都有采集记录。

分布：东平湖、桩埕路桥、刁口河滨孤路桥、武陟渠首、拴驴泉、五龙口、大横岭、白马寺、洛河大桥、潼关吊桥、若尔盖、唐乃亥、龙羊峡水库入水口、韩武村、汾河水库出口、河西村、红圪卜、峡塘、边墙村、扎马隆、什川桥湖。

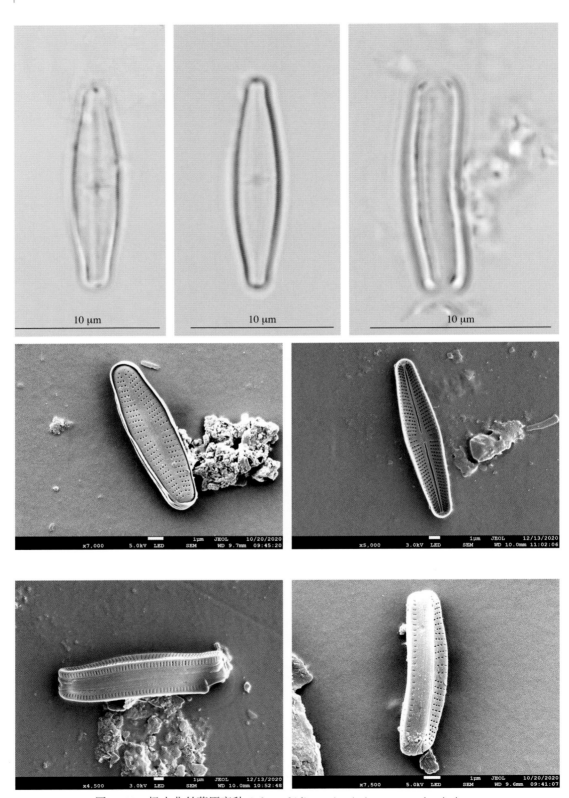

图2-123 极小曲丝藻原变种 *Achnanthidium minutissimum* var. *minutissimum*

（3b）极小曲丝藻苏格兰变种
Achnanthidium minutissimum var. *scotica* (Carter) Lange-Bertalot

鉴定文献：Carter & Bailey-Watts, 1981, p. 534, pl. 1, fig. 31.

特征描述：此种与原变种的区别在于该种细胞两端凸起或呈头状。壳面长13 ~ 20 μm，线纹在电镜下可见，10 μm内30 ~ 45条(Wojtal et al., 2011)（图2-124）。

此种曾在我国珠江水系有采集记录(Wang et al., 2009)。

分布：乌梁素海、大水。

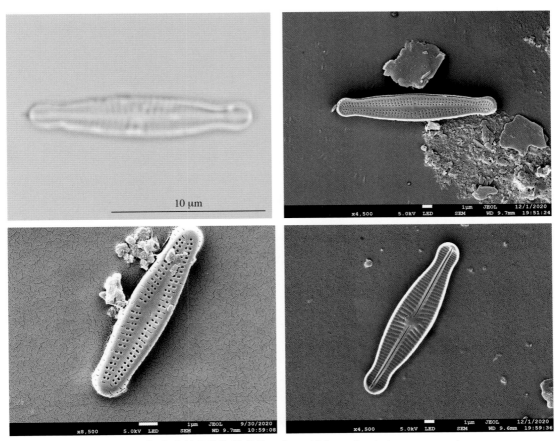

图2-124 极小曲丝藻苏格兰变种 *Achnanthidium minutissimum* var. *scotica*

（3c）极小曲丝藻纤细变种
Achnanthidium minutissimum var. *gracillima* (Meister) Lange-Bertalot

鉴定文献：Meister, 1912, p. 97, pl. 12, figs. 21-22.

特征描述：细胞长12 ~ 21 μm，壳面宽3 ~ 4 μm。壳面呈线状或披针状。线纹在10 μm内21 ~ 25条；在壳面末端线纹排布更为紧密，在10 μm内36 ~ 45条（图2-125）。

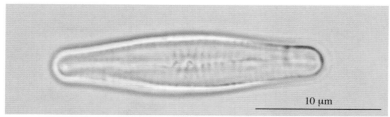

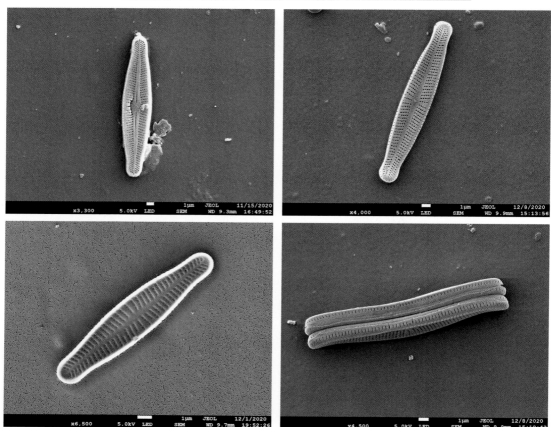

图2-125　极小曲丝藻纤细变种 *Achnanthidium minutissimum* var. *gracillima*

此种在北美硅藻网站(http://diatoms.org/)中将其命名为*Achnanthidium gracillimum* (Meister) Lange-Bertalot，并没有作为极小曲丝藻（*Achnanthidium minutissimum*）的变种进行命名。经对比，笔者认为该种与极小曲丝藻并无明显区别。此种与原变种主要区别在于：此变种体型略大，横线纹更为细密，因此参照欧洲硅藻鉴定系统为其定名为极小曲丝藻纤细变种(Krammer et al., 1991)。

此种类在我国鄱阳湖中有采集记录(杨琦，2020)。

分布：大水、刁口河滨孤路桥、乌梁素海。

（3d）极小曲丝藻杰奇变种
***Achnanthidium minutissimum* var. *jackii* Rabenhorst**

鉴定文献：Kützing & Lange-Bertalot, 1861, pl. 32, figs. 31-41.

特征描述：细胞壳面长8～12 μm，宽2～4 μm，中央部分无线纹排列，具有矩形中央空白区。线纹由中间向两端、由疏到密呈略辐射状排列（图2-126）。

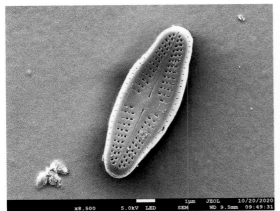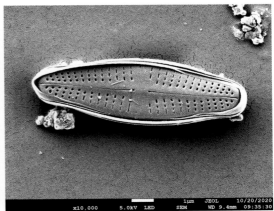

图2-126　极小曲丝藻杰奇变种 *Achnanthidium minutissimum* var. *jackii*

　　在《鄱阳湖浮游硅藻生物多样性研究》中此种被命名为*Achnanthidium jackii*，并没有作为极小曲丝藻的变种进行命名。经对比，笔者认为该种与极小曲丝藻并无明显区别。Novais等人(2015)也认为该种属于极小曲丝藻（*Achnanthidium minutissimum*）的变种。此种与原变种主要区别在于：此种具有明显的矩形中央空白区。

　　此种在已有的中文文献中均没有中文名，由于jackii不是一个常见的拉丁词汇，故我们按照人名的方法建议将其命名为极小曲丝藻杰奇变种。

　　此种在我国鄱阳湖中有采集记录(杨琦，2020)。

　　分布：小峡桥、大河家。

（4）三角帆头曲丝藻

Achnanthidium latecephalum Kobayasi

鉴定文献：Liu & Wei, 2013, p. 19, pl. VII, figs. 16-17.

　　特征描述：壳面线形披针形，两端呈宽头状；细胞长13.6～18.6 μm，宽4.1～4.5 μm。壳缝面凹，壳缝直，近壳缝端略膨大，呈泪珠状；无壳缝面凸，两壳面轴区均线形，均无中央区；线纹平行，或在中间略呈辐射状，10 μm内20～26条；两端线纹细密，10 μm内达35～40条。电子显微镜下观察，横线纹由单列点纹组成，点纹呈横向短裂缝状，壳缝在远端有弯向壳面相同方向（图2-127）。

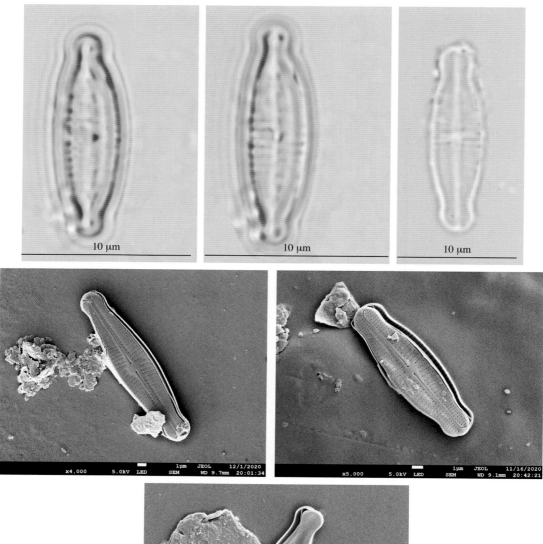

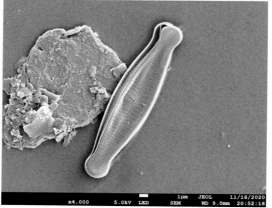

图2-127　三角帆头曲丝藻 *Achnanthidium latecephalum*

此种在我国是广布性种类。

分布：头道拐、大水、黄河口湿地、拴驴泉。

（5）溪生曲丝藻

Achnanthidium rivulare Potapova & Ponader

鉴定文献：Liu et al., 2016, p. 1276, pl. 2, figs. 35-46.

特征描述：壳面线形椭圆形，两端呈圆形或略延长，细胞长9.4 ~ 16.3 μm，宽3.5 ~ 4.6 μm。壳缝面凹，轴区线形披针形，在中间略加宽，壳缝直，近壳缝端略微膨大，呈泪珠状；无壳缝面凸，轴区窄线形，在中间略加宽；壳面线纹由圆形的气孔组成，平行，在无壳缝面的两端呈略辐射状，中间10 μm内19 ~ 25条；两端壳缝细密，10 μm内达55条（图2-128）。

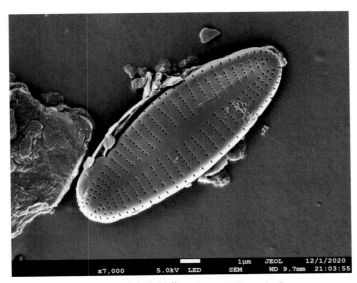

图2-128 溪生曲丝藻 _Achnanthidium rivulare_

此种是我国广布性种类。

分布：乌梁素海、东平湖、南山、花园口、乌毛计、什川桥。

（6）比索曲丝藻

Achnanthidium biasolettiana (Grunow) Bukhtiyarova

鉴定文献：Cleve & Grunow, 1880, p.121, pl. 7, fig. 22.

特征描述：壳面呈椭圆形，末端呈圆弧形，壳面长度为9 ~ 12 μm，宽4 ~ 5 μm，线纹呈微辐射状。具壳缝面中轴区窄线形，壳缝远侧弯向同一侧；线纹10 μm内有20 ~ 26条。无壳缝面无明显中央区，中轴区窄线形，在中间略加宽；线纹与具壳缝面无差别。电子显微镜下观察，横线纹由单列点纹组成，横线纹由圆孔点和横向短裂缝状孔点共同组成（图2-129）。

此种在我国珠江水系(王倩，2009)和西藏地区的河流中(Pei & Liu, 2011)曾被报道。该种类在已有的中文文献中均没有中文名，由于 _biasolettiana_ 不是一个常见的拉丁词汇，故我们按照人名的方法建议将其命名为比索曲丝藻。

分布：红原。

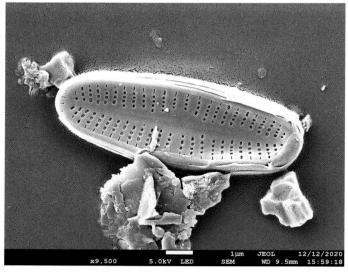

图2-129　比索曲丝藻 *Achnanthidium biasolettiana*

（7）温泉曲丝藻

Achnanthidium thermalis **Rabenhorst**

鉴定文献：Rabenhorst, 1864, p. 107.

特征描述：壳瓣呈线形披针形，壳面中间较宽，两端较窄，末端呈喙状。壳面长 11 ～ 16 μm，宽 3 ～ 5 μm。带面观长 11 ～ 16 μm，宽 2 ～ 4 μm，略呈膝状弯曲，中部较宽，两端较窄，上壳面（无壳缝面）呈凸状，下壳面（具壳缝面）呈凹状。该种在电镜条件下的形态学特征为：壳面呈线形披针形，整体两端较窄，中间较宽。中央区两侧不对称，一侧延伸到壳缘。壳缝呈细丝状，中部较直，至两端略微弯曲且弯向同一侧。2 μm 内线纹密度为 3 ～ 7 条，1 μm 内孔纹密度为 10 ～ 12 个。线纹整体呈平行状排列，中部以及末端呈略微辐射状排列；壳面中部的线纹较为稀疏，线纹密度由中部到末端逐渐增大；线纹是由细密的孔纹排列形成，孔纹为典型的双列孔纹。带面观呈拱形，具壳缝面为凹面，无壳缝面为凸面（图2-130）。

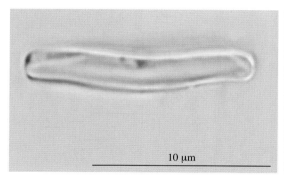

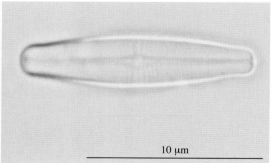

10 μm　　　　10 μm

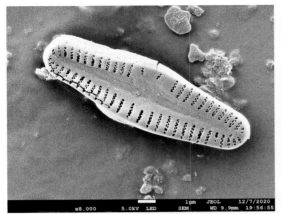

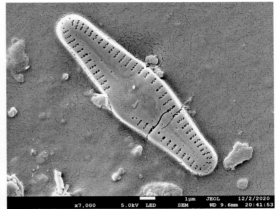

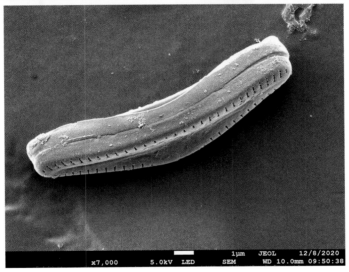

图2-130 温泉曲丝藻 *Achnanthidium thermalis*

此种为中国新记录种(张蓥钰等, 2023)。笔者依照Round等人于1996年提出的分类依据(Round & Bukhtiyarova, 1996a)，将其命名为温泉曲丝藻 (*Achnanthidium thermalis*)。

分布：乌梁素海。

（8）曲丝藻

Achnanthidium sp.

特征描述：壳面呈椭圆形，末端呈圆弧形，壳面长度为10 ~ 12 µm，宽5 ~ 7 µm，线纹呈辐射状。具壳缝面中轴区窄线形，壳缝远侧弯向同一侧；线纹10 µm内有16 ~ 20条。无壳缝面无明显中央区，中轴区窄线形，在中间略加宽；线纹长短不一。电子显微镜下观察，横线纹由单列点纹组成（图2-131）。

此种可能为新种。

分布：岳滩。

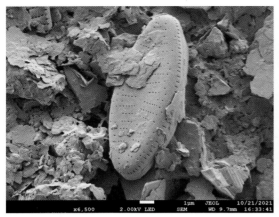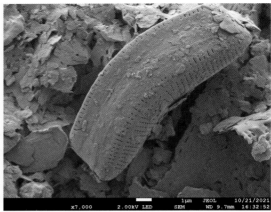

图2-131   曲丝藻 *Achnanthidium* sp.

平丝藻属 / 平面藻属 *Planothidium* Round & Bukhtiyarova, 1996

该属细胞单个存在，壳面椭圆形、椭圆披针形、末端延长或呈宽圆形。有壳缝面的壳缝中部末端略膨大弯向一侧，中央区矩形或呈蝴蝶结形。无壳缝面的中央区一侧具明显的马蹄形硅质加厚。线纹呈辐射状排列，在壳面中间近乎平行。

本属在黄河仅发现1种。

（1）频繁平丝藻
Planothidium frequentissimum Lange-Bertalot

鉴定文献：Krammer & Lange-Bertalot, 1991, p. 336, pl. 44, figs.1-38.

特征描述：壳面披针形到椭圆形，末端钝圆形，尖端不延长，长5 ~ 17 μm，宽3 ~ 7 μm，壳缝10 μm内13 ~ 18条。具壳缝面中轴区窄，轴区狭披针形，无壳缝面两侧不对称，中心一侧区域有个突出的腔体，具1个马蹄形的无纹区。两侧横线纹由3 ~ 4列小圆形点纹组成，微呈放射状排列(Stancheva, 2019，谭香和刘妍, 2022)（图2-132）。

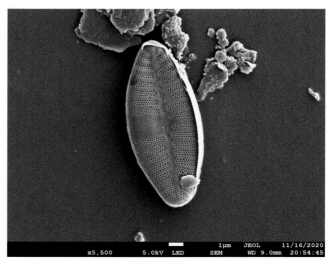

图2-132   频繁平丝藻 *Planothidium frequentissimum*

此种曾在汉江上游有记录。

分布：头道拐。

真卵形藻属 *Eucocconeis* Cleve & Meister, 1912

壳体异面，部分种类沿纵轴扭曲。壳体宽，线形披针形或椭圆披针形，壳缝呈S形，无壳缝轴区（胸骨）呈S形。线纹细密，单排，孔纹圆形（王艳璐，2019）。

本属种类为淡水种，常分布于贫营养湖泊的沿岸带。

本属在黄河流域仅发现1种。

（1）平滑真卵形藻

Eucocconeis laevis **Lange-Bertalot**

鉴定文献：Metzeltin et al., 2009, p. 186, pl. 27, figs. 6-9, 11-14.

特征描述：细胞弯曲，壳面椭圆披针形，具壳缝面中央区不对称，壳缝直或略S形，无壳缝面中央区大而且形状多样。壳面长14.9 ～ 17.5 μm，宽6.5 ～ 6.6 μm，在每10 μm内有24 ～ 25 条（图2-133）。

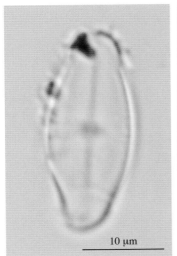
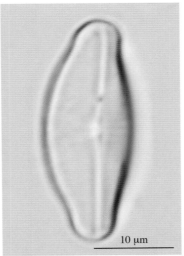
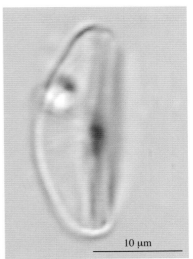

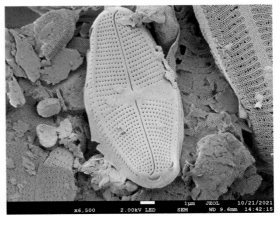

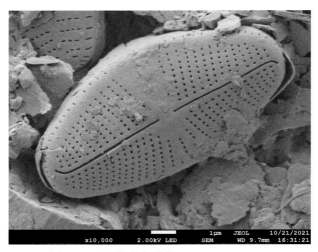

图 2-133 平滑真卵形藻 *Eucocconeis laevis*

分布：岳滩。

卵形藻科 Cocconeidaceae

卵形藻属 *Cocconeis* Ehrenberg, 1837

植物体为单细胞，以下壳着生在丝状藻类或其他基质上；壳面椭圆形、宽椭圆形，上下两个壳面的外形相同，花纹各异或相似，上下两个壳面有 1 个壳面具假壳缝，另 1 个壳面具直的真壳缝，具中央节和极节，壳缝和假壳缝两侧具横线纹或点纹；带面横向弧形弯曲，具不完全的横隔膜；色素体片状，1 个，蛋白核 1 ~ 2 个。

每 2 个母细胞的原生质体结合形成 1 个复大孢子，单性生殖时每个配子单独可以发育成 1 个复大孢子。

本属在黄河发现 5 种，其中 1 个为变种。

（1）扁圆卵形藻

Cocconeis placentula (Ehrenberg) Grunow

（1a）扁圆卵形藻原变种
Cocconeis placentula var. *placentula* (Ehrenberg) Grunow

鉴定文献：Ehrenberg, 1838, p. 194.

特征描述：壳面椭圆形，具假壳缝一面的横线纹由相同大小的小孔纹组成，具壳缝的一面和不具壳缝的另一面中轴区均狭窄，具壳缝的一面中央区小，多少呈卵形，壳缝线形，其两侧的横线纹均在近壳的边缘中断，形成一个环绕在近壳缘四周的环状平滑区，由明显点纹组成的横线纹略呈放射状斜向中央区，在 10 μm 内 15 ~ 20 条，不具壳缝的一面假壳缝狭，明显点纹组成的横线纹在 10 μm 内 18 ~ 22 条。细胞长 11 ~ 70 μm，宽 7 ~ 40 μm（图 2-134）。

此种类为普生性种类，在我国多地都有分布。

分布：东平湖、拴驴泉、龙门大桥、岳滩、洛河大桥、渭河宝鸡市出境、桦林、西

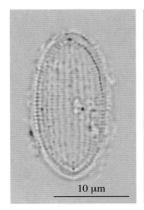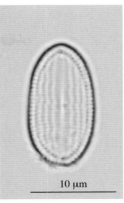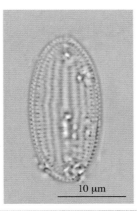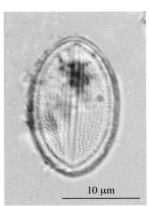

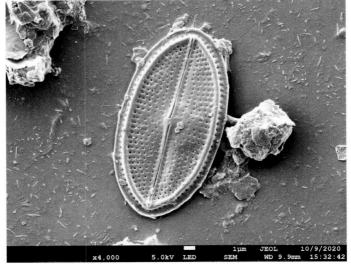

图2-134 扁圆卵形藻原变种 *Cocconeis placentula* var. *placentula*

寨大桥、赛尔龙、洮园桥、柏树坪、韩武村、汾河水库出口、河西村、乌毛计、边墙村、博湖。

（1b）扁圆卵形藻线条变种
***Cocconeis placentula* var. *lineata* (Ehrenberg) Krammer & Lange-Bertalot**

鉴定文献：Krammer & Lange-Bertalot, 1991, p. 352, pl. 52, figs. 1-13.

特征描述：壳面呈椭圆至线形椭圆，末端钝圆形，长度为12.0～22.8 μm，宽度为6.0～12.7 μm，线纹呈平行状。具壳缝面由于横线纹的间断，横线纹间形成纵波状条纹。具壳缝面中轴区很狭窄，中央区呈圆形，线纹为10 μm内24～28条。无壳缝面中轴区披针形，中央区呈披针形，线纹呈纵波状，为10 μm内15～20条（图2-135）。

分布：东平湖、拴驴泉、龙门大桥、岳滩、洛河大桥、渭河宝鸡市出境、桦林、西寨大桥、赛尔龙、洮园桥、柏树坪、韩武村、汾河水库出口、河西村、乌毛计、边墙村、博湖。

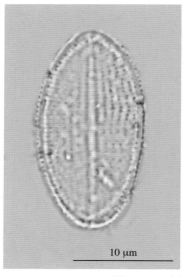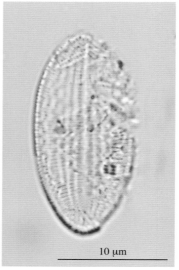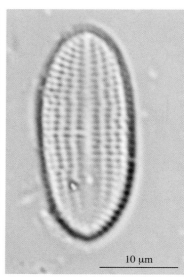

图2-135 扁圆卵形藻线条变种 *Cocconeis placentula* var. *lineata*

（2）虫形卵形藻

Cocconeis euglypta Ehrenberg

鉴定文献：Krammer& Lange-Bertalot, 1991, p. 362, pl. 57, figs. 1-4.

特征描述：壳面椭圆形，细胞长 18～30 μm，宽11～15 μm。有壳缝面 的壳缝直线形，点条纹孔点排列整齐，两 侧点条纹对称，孔点圆形；没有明显的中 央空白区；横线纹密度通常10 μm内大于 22～24条。此种类有一圈由双排孔纹构成 的边缘环（图2-136）。

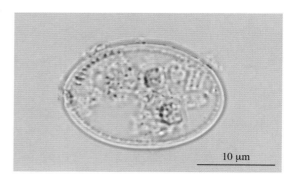

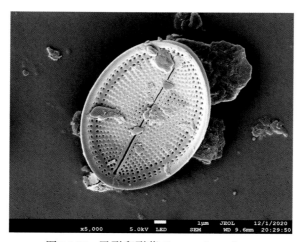

图2-136 虫形卵形藻 *Cocconeis euglypta*

本 种 类 与 海 水 性 种 类 盾 卵 形 藻 （*Cocconeis scutellum*） 颇 为 相 似 (Mizuno, 2010；Ruocco et al., 2019)，盾卵形藻的变种在我国福建沿海有报道(林均民和金德祥, 1980)。但此种类分布在淡水湖中，在我国鄱阳湖中曾有采集记录(杨琦, 2020)。

分布：东平湖。

（3）河生卵形藻

Cocconeis fluviatilis Krammer

鉴定文献：Wallace, 1960, p.2, pl. 1, figs. 2A-B.

特征描述：壳面椭圆形，长 20～24 μm，宽 13～19 μm，每 10 μm 内有线纹 12～13 条。具壳缝面中轴区狭窄，具小的圆形的中央区或没有明显的中央区，壳缝直，近缝端略放大，线纹辐射。靠近环带有一个圆环，将线纹中断。不具壳缝面线纹辐射，点纹比具壳缝面的点纹大很多（图2-137）。

分布：小峡桥、大河家。

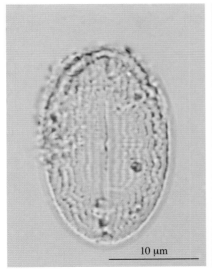
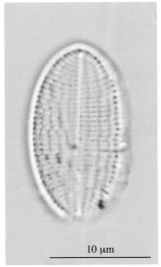
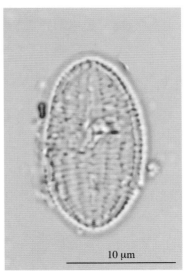
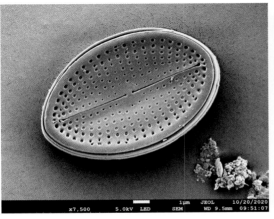
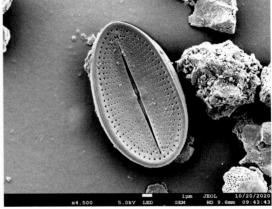

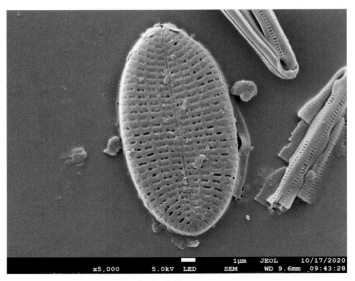

图2-137 河生卵形藻 *Cocconeis fluviatilis*

（4）柄卵形藻
Cocconeis pediculus Krammer & Lange-Bertalot

鉴定文献：Krammer& Lange-Bertalot, 1991, p. 362, pl. 57, figs. 1-4.

特征描述：细胞长12～54 μm，宽11.3～37.0 μm。壳面菱形椭圆形到宽椭圆形，或近似圆形，两端呈宽圆形；壳缝面轴区窄，线形，中央区小，圆形或卵形，线纹细，辐射状，10 μm内16～24条；无壳缝面明显凸起，轴区与一条纵向的犁沟相互交错，线纹较壳缝面粗，在中间近乎平行，两端呈辐射状，线纹由线形的点孔组成，排列成纵向的列（图2-138）。

此种类在我国珠江干流、新丰江等地有采集记录（刘静等，2013）。

分布：小峡桥。

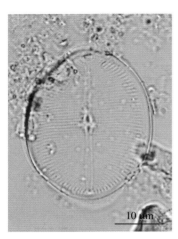
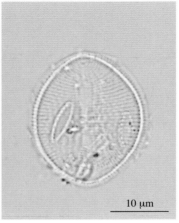
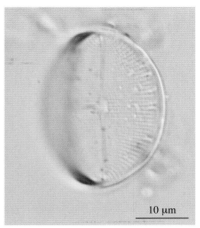

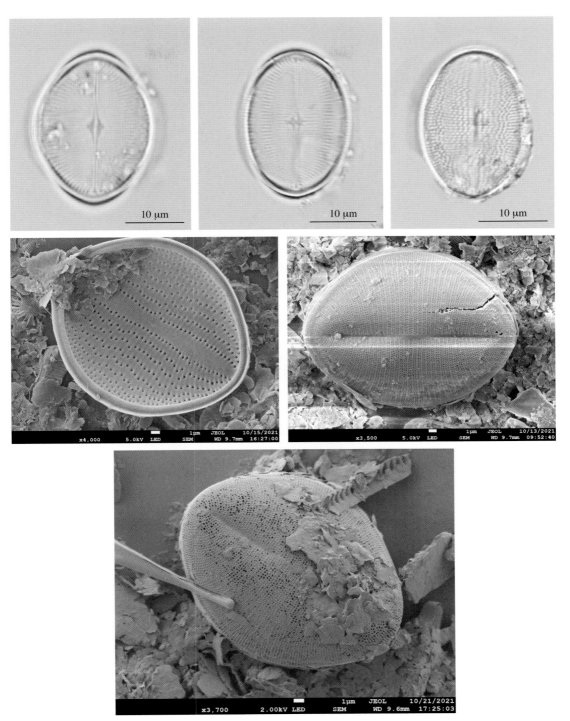

图 2-138 柄卵形藻 *Cocconeis pediculus*

双菱藻目 Surirellales

杆状藻科 Bacillariaceae

菱形藻属 *Nitzschia* Hassall, 1845

单细胞或连成链状、星状群体。壳面直或S形，窄，线形、披针形或椭圆形，有时中部膨大，在外形上，基本关于顶轴左右对称，但结构上极不对称。末端形状多样，一般喙状或头状。线纹单列，连续，有时可见筛状孔。壳缝系统位置变化较大，从中轴至近壳缘。该属的主要鉴定特征为壳面一侧龙骨点明显，上下壳面的龙骨凸起彼此交叉，具中央节和极节。

细胞壳面和带面不成直角，因此横断面呈菱形；色素体侧生、带状，2个，少数4～6个。2个母细胞原生质体分裂分别形成2个配子，成对配子结合形成1个复大孢子。

生长在淡水、咸水或海水中，附着于沉积物、污泥中，或浮游。

本属在黄河共发现了18种，其中3个为变种。

（1）常见菱形藻

Nitzschia solita **Hustedt**

鉴定文献：Hustedt, 1953, p. 152, figs. 3, 4.

特征描述：壳面披针形到窄披针形，朝两端楔形减小，末端尖喙状。龙骨突点状，等距排列，中间两个龙骨突距离不增大，在每10 μm内有11～15个。横线纹平行排列，在每10 μm内有27～28条。细胞长18～50 μm，宽4～6 μm（图2-139）。

此种类生于鱼池、湖泊、山溪、沼泽中。在我国湖北、新疆等地有采集记录。

分布：东平湖、洛河大桥、龙羊峡水库入水口、韩武村、上海石村、边墙村、博湖、沙湖、大水。

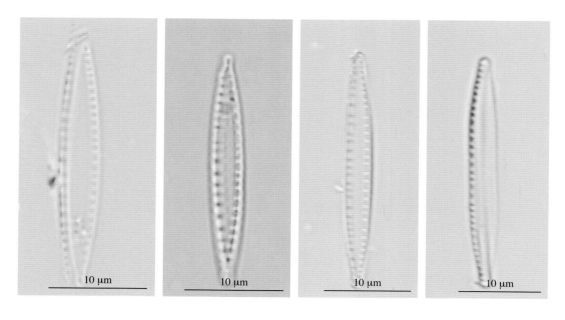

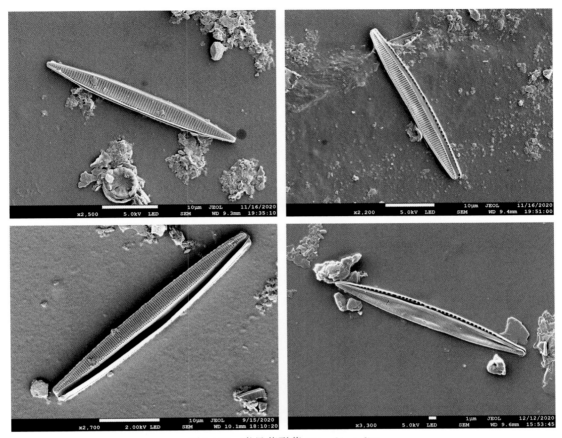

图2-139 常见菱形藻 *Nitzschia solita*

（2）细端菱形藻
Nitzschia dissipata (Kützing) Rabenhorst

（2a）细端菱形藻原变种
Nitzschia dissipata var. *dissipata* (Kützing) Rabenhorst

鉴定文献：Rabenhorst, 1860, p. 968.

特征描述：细胞长24 ~ 55 μm，宽4 ~ 7 μm。壳面线形到披针形，两端略或显著延长，呈喙状；管壳缝凸，稍偏离壳面中央；龙骨明显，排列不均匀，与横轴平行，中间两个龙骨突的距离不增大，10 μm内7 ~ 10个；线纹在光镜下不可见，或模糊可见，10 μm内32 ~ 50条（图2-140）。

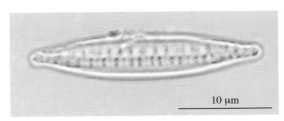

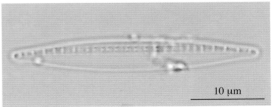

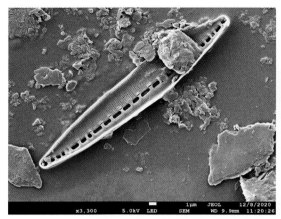
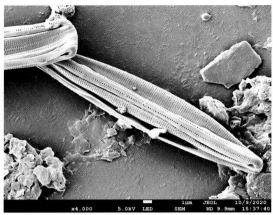
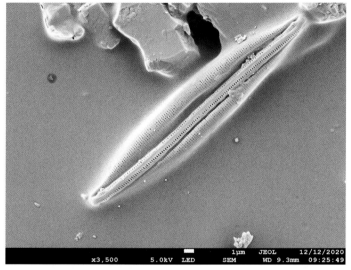

图2-140　细端菱形藻原变种 *Nitzschia dissipata* var. *dissipata*

　　此种类生长于小河、沼泽、岩石附着。在我国黑龙江、吉林、辽宁、湖南、广东、贵州、西藏、陕西、新疆等多地有采集记录(王全喜, 2018)。

　　分布：唐克。

　　（2b）细端菱形藻中等变种
***Nitzschia dissipata* var. *media* (Hantasch) Grunow**

　　鉴定文献：Grunow, 1881, pl. LXIII [63], figs. 2, 3.

　　特征描述：壳面披针形，偶尔线形披针形，末端喙状。长24 ~ 55 μm，宽4 ~ 7 μm。壳缝龙骨稍离心，龙骨突排列不均匀，中间两个龙骨突的距离不增大，在每10 μm内有7 ~ 10个。线纹极细，光镜下很难分辨（图2-141）。

　　此种类在小河、沼泽等岩石上附生。在我国黑龙江、吉林、辽宁、湖南、广东、贵州、西藏、陕西、新疆等地均有采集记录。

　　分布：红原、大河家。

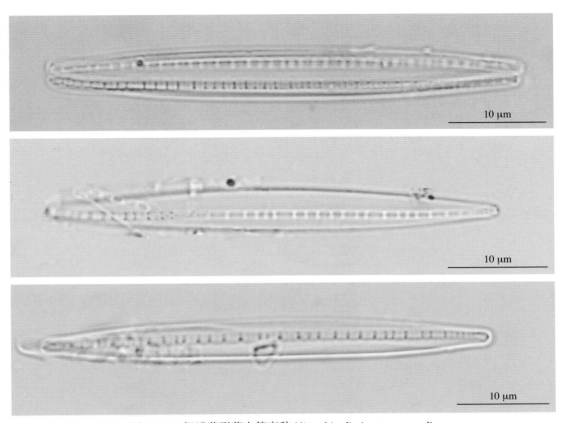

图2-141　细端菱形藻中等变种 *Nitzschia dissipata* var. *media*

（3）平庸菱形藻/隐生菱形藻

Nitzschia inconspicua Grunow

鉴定文献：Grunowm, 1862, p. 579, pl. 28, fig. 25.

特征描述：壳体小，壳面线形椭圆形，末端钝圆形。龙骨突在每 10 μm 内有 12 个；横线纹平行排列，在每 10 μm 内有 32 条。细胞长 10 ～ 15 μm，宽 3 ～ 4 μm（图2-142）。

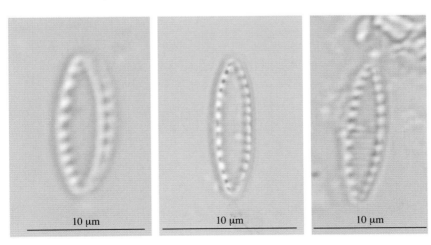

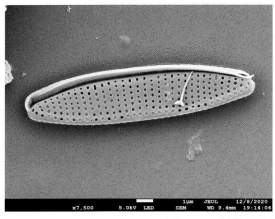

图 2-142 平庸菱形藻 *Nitzschia inconspicua*

分布：龙羊峡水库上、东平湖、乌梁素海、小浪底水库、风陵渡大桥、龙羊峡水库上、东平湖、大横岭、汾河水库出口、上平望（汾河）、乌梁素海。

（4）谷皮菱形藻

Nitzschia palea (Kützing) Smith

鉴定文献：Smith, 1856, p. 89.

特征描述：细胞长 20 ～ 78 μm，宽 3 ～ 5 μm。壳面通常线形（大个体）或披针形（小个体），壳面由中间向两端渐窄，导致两端呈尖形，有时也呈微喙状；最中间两个龙骨之间的距离宽于其他；线纹密度高，在光镜下不可见，10 μm 内 44 ～ 55 条，龙骨突 10 μm 内 10 ～ 15 个（图 2-143）。

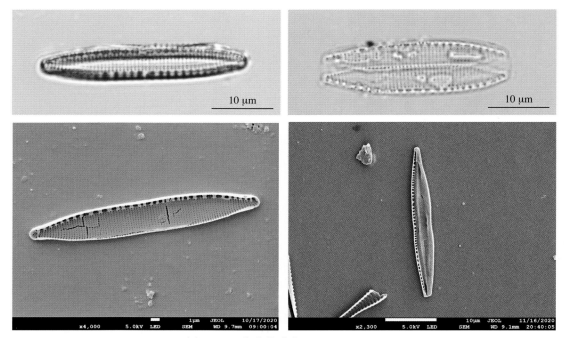

图 2-143 谷皮菱形藻 *Nitzschia palea*

此种类生于各类淡水水体中，是广布性种类，在我国广泛分布。

分布：东平湖、建林浮桥、垦利、黄河口湿地、利津水文站、大横岭、南山、南村、龙门大桥、高崖寨、白马寺、花园口、洛宁长水、咸阳铁桥、卧龙寺桥、葡萄园、桦林、陈旗村、西寨大桥、赛尔龙、切拉塘、唐乃亥、韩武村、汾河水库出口、河西村、万家寨水库、磴口、红圪卜、三盛公、叶盛公路桥、先明峡桥、李家峡、什川桥、鄂陵湖、博湖、小浪底水库、东平湖、乌梁素海、大河家、头道拐、龙羊峡水库上。

（5）两栖菱形藻

Nitzschia amphibian Grunow

鉴定文献：Grunow, 1862, p. 574, pl. 28, fig. 23.

特征描述：壳体较小，壳面椭圆形、披针形至线性披针形。龙骨突稍窄，楔形，在每 10 μm 内有 7 ～ 9 个，中间两个距离较宽；横线纹平行排列，粗糙，在每 10 μm 内有 14 ～ 17 条。细胞长 13 ～ 38 μm，宽 4 ～ 6 μm（图 2-144）。

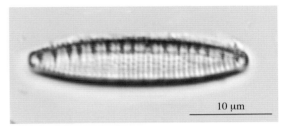

图 2-144　两栖菱形藻 *Nitzschia amphibian*

此种类常生于湖边渗出水、小水渠、路边积水、沼泽中。此种类是广布性种类，在我国多地均有分布。

分布：新城桥、风陵渡大桥、陶湾、东平湖。

（6）丝状菱形藻

Nitzschia filiformis (Smith) Heurck

鉴定文献：Heurck, 1896, p. 406, pl. 33. fig. 882.

特征描述：细胞长40 ～ 95 μm，宽5 ～ 7 μm。壳面线形到线形披针形，在两端略弯曲，呈不明显的S形，中间边缘近乎直，两端呈圆形或微喙状；壳缝位于壳面一侧的边缘，紧挨着壳缝具一条不明显的纵向线，最中间两个龙骨之间的距离较远；壳面线纹平行，在光镜下看不清楚，电镜下观察可见线纹10 μm内27 ～ 36条；龙骨突在10 μm内有8 ～ 11个（图2-145）。

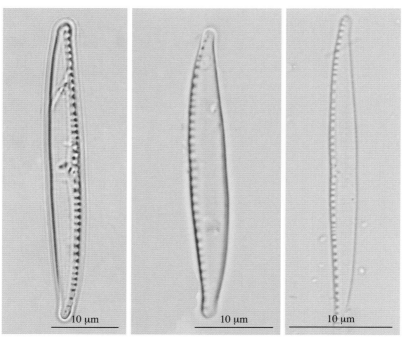

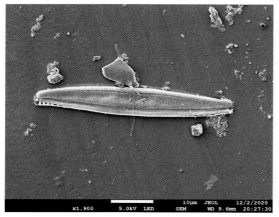
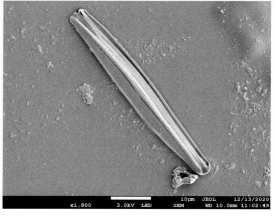

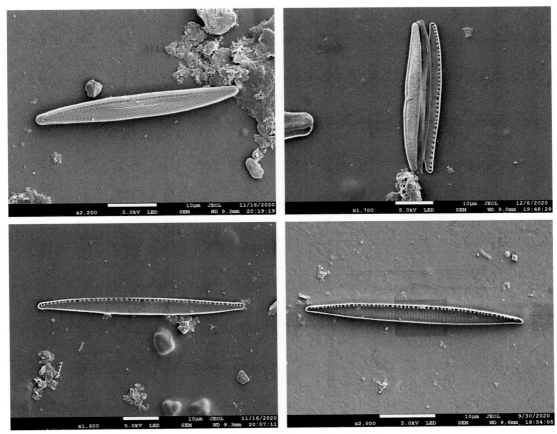

图 2-145　丝状菱形藻 *Nitzschia filiformis*

此种类生于湖泊，在水草上附生。在我国黑龙江、吉林、辽宁、贵州、广东、海南、云南、西藏、新疆等地均有采集记录。

分布：东平湖、乌梁素海、小浪底、刁口河滨路桥。

（7）细长菱形藻 / 纤细菱形藻

Nitzschia gracilis Hantzsch & Hedwigia

鉴定文献：Hantzsch, 1860, p. 40, pl. 6. fig. 8.

特征描述：细胞长 40 ～ 110 μm，宽 3 ～ 4 μm。壳面线形到线形披针形（小个体中呈披针形），壳面两侧边缘在中间平行，然后向两端逐渐变细，两端窄，延长呈喙状到亚头状；龙骨突点状、清晰，10 μm 内 11 ～ 13 个；线纹在光镜下不可见，10 μm 内 35 ～ 40 条（图 2-146）。

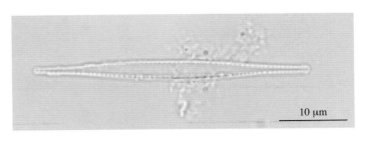

此种类生于路边积水、稻田、沼泽中，多为富含有机质的水体。在我国陕西、黑龙江、江苏、湖南、广东、海南、贵州、西藏、新疆等多地均有采集记录。

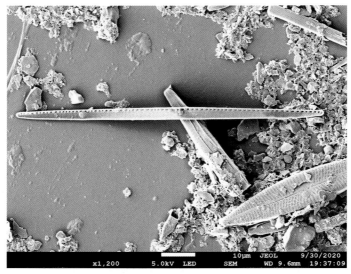

图2-146　细长菱形藻 *Nitzschia gracilis*

分布：乌梁素海。

（8）针形菱形藻

Nitzschia acicularis (Kützing) Smith

鉴定文献：Smith, 1853, p. 43, pl. 15, fig. 122.

特征描述：细胞长43 ～ 100 μm，宽3 ～ 5 μm。壳面线形到线形披针形，在中间显著加宽，呈纺锤状，两端可延长至很长；管壳缝位于壳面一侧的边缘，龙骨小，呈圆点形，中间两个龙骨突距离不增大，10 μm内17 ～ 20个；线纹在光镜下不可见，10 μm内60 ～ 72条（图2-147）。

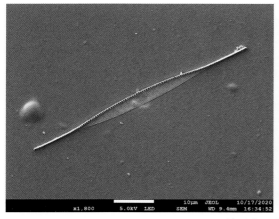 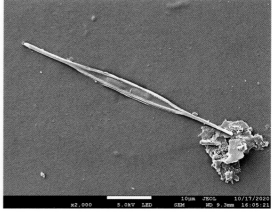

图2-147　针形菱形藻 *Nitzschia acicularis*

此种类常生于沼泽、池塘中。在我国山西、吉林、黑龙江、江西、湖北、湖南、广东、贵州、西藏、新疆等地均有采集记录。

分布：切拉堂、乌梁素海。

（9）泉生菱形藻
Nitzschia fonticola (Grunow) Grunow

鉴定文献：Krammer & Lange-Bertalot, 1988, p. 366, pl. 75, figs. 1-22.

特征描述：细胞长 13 ～ 50 μm，宽 2.5 ～ 5.0 μm。壳面明显披针形，两端尖圆；龙骨突点状，不延伸，中间两个龙骨突距离较大，10 μm 内 10 ～ 14 个；横线纹较密，10 μm 内 13 ～ 28 条（图 2-148）。

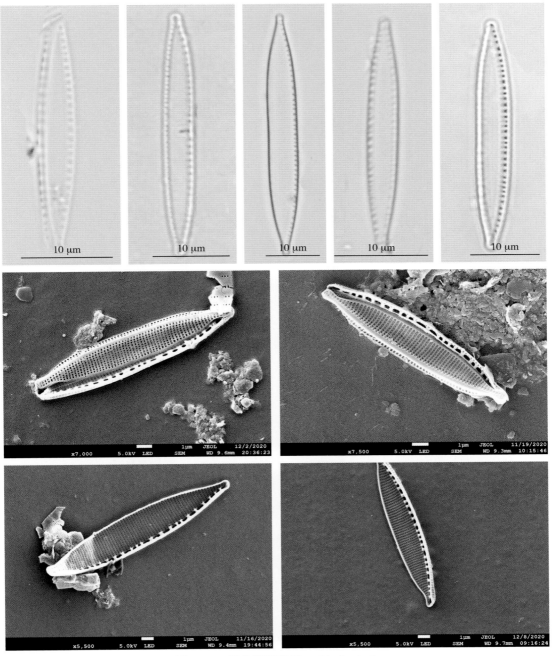

图 2-148　泉生菱形藻 *Nitzschia fonticola*

此种类生于河流、湖泊、溪流、小水渠、沼泽和路边积水中。在我国山西、吉林、黑龙江、湖南、西藏、新疆等地均有采集记录。

分布：东平湖、乌梁素海。

（10）弯曲菱形藻

Nitzschia sinuate (Thwaites) Grunow

（10a）弯曲菱形藻平片变种
Nitzschia sinuate var. tabellaria (Grunow) Grunow

鉴定文献：Ceve-Euler, 1952, p. 16, fig. 4: 6, fig. 9: 1-4.

特征描述：细胞长16～22 μm，宽5～8 μm。壳面较短，菱形，两端呈钝圆形或圆形，中部膨大；与其个体大小相比，其龙骨较大，相邻龙骨间的间距较宽，10 μm内5～7个；最中间两个龙骨之间的距离较远；线纹在光镜下清晰可见，10 μm内19～23条（图2-149）。

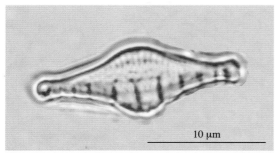
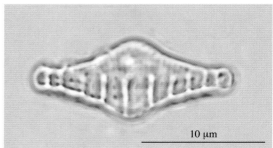
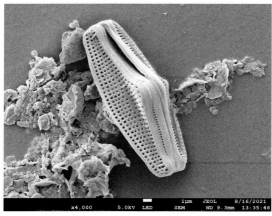
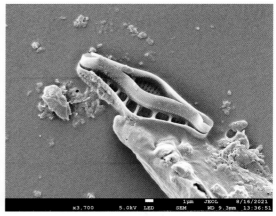

图2-149　弯曲菱形藻平片变种 *Nitzschia sinuate* var. *tabellaria*

此种类常生于河边沼泽中。在我国山西、辽宁、江苏、安徽、福建、湖北、湖南、广西、贵州、云南、西藏、陕西、宁夏、新疆等地均有采集记录。

分布：东平湖、汾河水库出口、拴驴泉、垦利、武陟渠首、岳滩。

（10b）弯曲菱形藻缢缩变种
Nitzschia sinuate var. constricta Chen & Zhu

鉴定文献：Van Heurck, 1881, p.36, pl. 60, figs. 12, 13.

特征描述：壳面中部明显缢缩，壳面更宽，壳面末端没有那么钝，呈尖头状而不是圆形头状；龙骨突明显，延长，分布不均匀，10 μm 内 5 ~ 6 个；横线纹由明显的孔纹组成，孔纹排列单一，10 μm 内 20 条；壳面长 16 ~ 20 μm，最宽处 4 ~ 6 μm（图 2-150）。

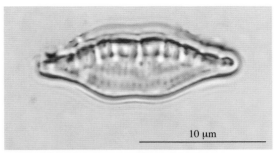

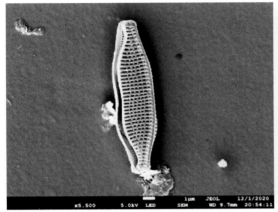
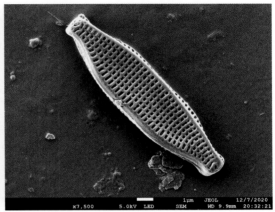

图 2-150　弯曲菱形藻缢缩变种 *Nitzschia sinuate* var. *constricta*

此种类常生于溪流中的岩石上。在我国山西、湖南、贵州等地有采集记录。

分布：乌梁素海。

（11）玻璃质菱形藻

Nitzschia vitrea **Norman**

鉴定文献：Hustedt, 1922, p.148, pl. 10, figs. 46, 47.

特征描述：壳面线性，小体积个体为披针形，朝两端楔形减小，末端喙状，弯向远离壳缝系统一侧；带面观线性，有时边缘稍凹入。壳面长 30 ~ 132 μm，宽 5 ~ 12 μm。龙骨突大而清晰，排列均匀，中间两个龙骨突距离不增宽，10 μm 内有 4 ~ 9 个；横线纹由点纹组成，在光学显微镜下看不清楚，线纹 10 μm 内有 17 ~ 25 条（图 2-151）。

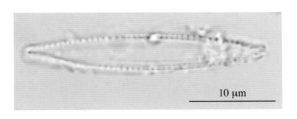

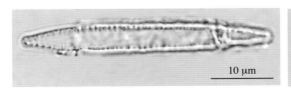
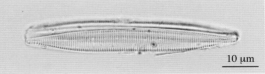

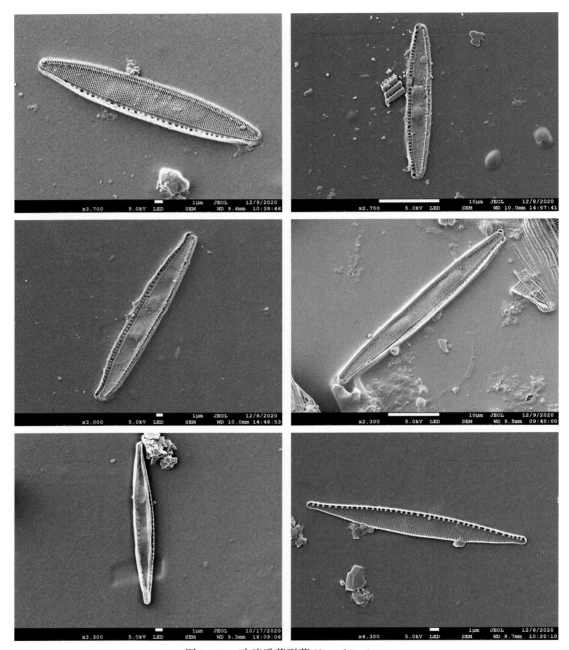

图2-151　玻璃质菱形藻 *Nitzschia vitrea*

　　此种类生于湖泊、小水渠、池塘、路边积水、沼泽，以及在岩石上附生。在我国河北、辽宁、江苏、湖北、湖南、贵州、西藏、甘肃、新疆等地均有采集记录。

　　分布：东平湖、乌梁素海、头道拐、红原、切拉塘、唐克。

（12）高山菱形藻

Nitzschia alpina Hustedt

鉴定文献：Lange-Bertalot, 1980, p. 101, pl. 74, figs. 1-10.

特征描述：壳体短小，壳面线形披针形，末端延伸呈明显头状。壳面长14～38 μm，宽3～6 μm。龙骨突宽，10 μm内有8～12个，中间两个距离不增大；线纹密集，10 μm内有21～25条（图2-152）。

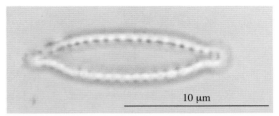

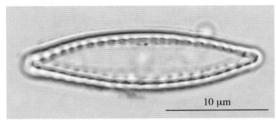

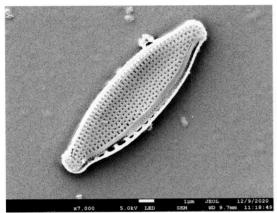

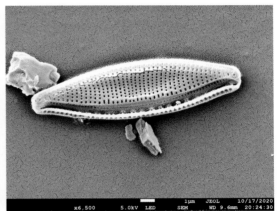

图2-152　高山菱形藻 *Nitzschia alpina*

此种类常生于湖泊、沼泽、稻田、小水沟等淡水水体中。在我国内蒙古、广东、贵州、新疆等地均有采集记录。

分布：上兰、风陵渡大桥、乌梁素海。

（13）细形菱形藻

Nitzschia graciliformis Lange-Bertalot & Simonsen

鉴定文献：Lange-Bertalot & Simonsen, 1978, p. 33, figs. 214, 215.

特征描述：壳面趋披针形或线形披针形，中部狭窄，末端伸出部分没有那么突然，末端伸长，喙状，宽很少超过3 μm。线纹在10 μm内有45～60条，在光镜强烈对比下可以清晰分辨线纹。龙骨突细小，中间两个龙骨突距离增大（图2-153）。

此种类常生活于电解质含量较低的水体中。

分布：头道拐。

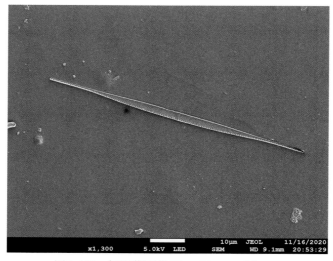

图2-153   细形菱形藻 *Nitzschia graciliformis*

（14）索拉腾菱形藻

Nitzschia soratensis Morales & Vis

鉴定文献：Morales & Vis, 2007, p.128, figs. 253-256, 277-280.

特征描述：壳面椭圆披针形，末端尖圆。壳面长 5.7 ~ 7.9 µm，宽 2.6 ~ 3.0 µm。龙骨突明显，10 µm 内 9 个。横线纹在光学显微镜下不可见（图2-154）。

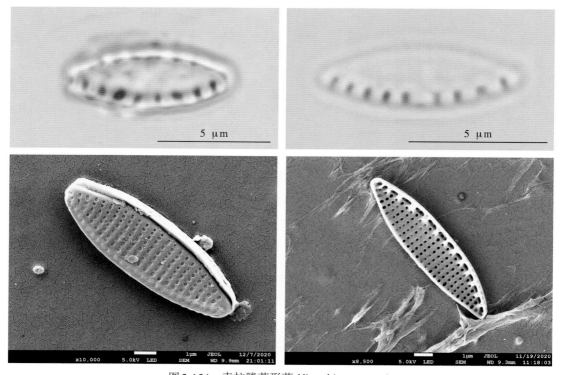

图2-154   索拉腾菱形藻 *Nitzschia soratensis*

此种类常生活于弱碱性水体的富营养化水体中。曾在鄱阳湖有采集记录(杨琦,2020)。

此种类在已有的中文文献中均没有中文名,由于*soratensis*不是一个常见的拉丁词汇,故我们按照人名或地名的方法建议将其命名为索拉腾菱形藻。

分布:乌梁素海。

(15) 缩短菱形藻
Nitzschia brevissima **Grunow**

鉴定文献:Bey et al., 2013, p. 1016, figs. 1-18.

特征描述:壳面略呈S形,中部向内凹入,长23.3 ~ 32.9 μm,宽4.9 ~ 5.5 μm,横线纹不清楚,龙骨突点状,龙骨突10 μm 内有8 ~ 11 个(图2-155)。

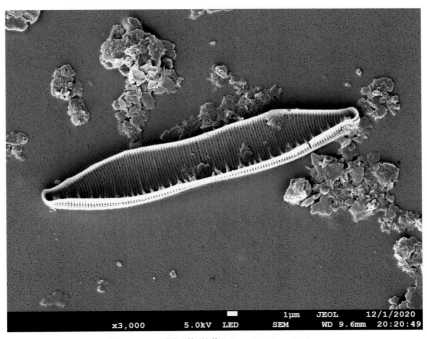

图2-155 缩短菱形藻 *Nitzschia brevissima*

本种常分布在河流、湿地中,在我国广东、广西沿海地区有分布(陈小艺,2023)。

分布:东平湖、乌梁素海、咸阳铁桥。

(16) 菱形藻
Nitzschia sp.

特征描述:细胞长8 ~ 55 μm,宽1.5 ~ 3.5 μm。壳面通常线形披针形,壳面由中间向两端渐窄,末端呈微喙状,线纹密度高,在光镜下不可见,10 μm 内44 ~ 55 条。

分布:乌梁素海。

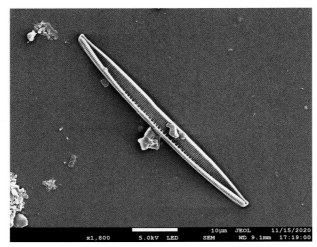

图2-156 菱形藻 *Nitzschia* sp.

细齿藻属 *Denticula* Kützing, 1844

壳面线形或披针形，偶见菱形或椭圆形。外形上基本左右对称，但结构上不对称。末端尖至钝圆形，或轻微延伸呈喙状。线纹单排或双排，由膜封闭的小圆孔组成，有时可见精细的筛状孔。壳缝系统近中轴或稍离心，当位于宽而低的龙骨上时，壳体稍弯。上下壳面的壳缝关于壳面呈对角线对称。龙骨突块状，包围着壳缝系统，并横向延伸贯穿整个壳面形成隔片（partitions），隔片之间是由数排点纹组成的横线纹。龙骨突基部增宽，使相邻龙骨突间的椭圆形孔隙变小。壳缝有或无中缝端。极缝端弯成钩状。带面由一些断开的环带或半环带组成。近壳面的环带上有时会有一排横向孔纹。壳套合部（valvocopula）经常会延伸到龙骨突下形成隔膜结构。带面两侧略凸出，呈线形或长方形，末端截形。可见壳内壁横向平行的隔片（即壳面的横肋纹），有的种类隔片末端呈头状。

分布于淡水和海水中，底栖。

本属因具横向的隔片（横肋纹），一直与窗纹藻属（*Epithemia*）和棒杆藻属（*Rhopalodia*）一起放在窗纹藻科（Epithemiaceae）中。Round等(1990)根据壳缝系统关于壳面呈对角线对称的特征以及壳面和色素体的形态，认为本属与菱形藻属（*Nitzschia*）的一些种类，如 *N. sinuata*、*N. denticula* 等关系更近，因此将其归入棒杆藻科。

本属在黄河流域仅发现1种。

（1）库津细齿藻
Denticula kuetzingii Grunow

鉴定文献：Grunow, 1862, p. 546, 548, pl. XVIII [18], fig. 27.

特征描述：壳面线形至披针形或椭圆形，末端圆形或楔形，有时近喙状。长18～43 μm，宽3～4 μm。龙骨突明显，在每10 μm内有10～12个。不具中缝端，中间一对龙骨突距离不增大。线纹由粗糙的点纹组成，在每10 μm内有22～24条（图2-157）。

分布：切拉塘。

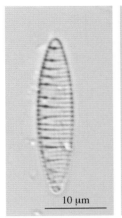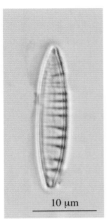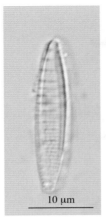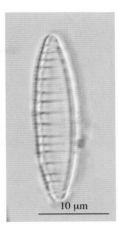

图2-157 库津细齿藻 *Denticula kuetzingii*

盘杆藻属 *Tryblionella* Smith, 1853

细胞单生。本属细胞壳面沿纵轴对称，壳面宽大，线形、椭圆形或提琴形。壳表面波状，线纹单排至多排，通常被一至多条胸骨断开。壳缝系统靠近壳面边缘，具有扁块状龙骨突。壳缝关于壳面呈对角线对称。中缝端距离近（偶尔缺失）。带面窄，由断开的环带组成。

本属植物分布于高电导率的淡水中，咸水和海水中不常见。附着于沉积物或污泥中。

本属与菱形藻属（*Nitzschia*）关系比较近，目前不能确定是否为单起源，许多种类是从菱形藻属内的 *Tryblionella* 组、*Circumsutae* 组、*Apiculatae* 组和 *Pseudotryblionella* 组分离出来的。

本属在黄河流域发现3种。

（1）细尖盘杆藻
Tryblionella apiculata Gregory

鉴定文献：Gregory, 1857, p. 79, pl. 1, fig. 43.

特征描述：细胞长 30～55 μm，宽 5～8 μm。壳面宽线性，在中间略收缢，两端呈尖形或亚头状，偶尔楔形。壳面中间具纵向的隔板，且延长至壳面顶端。横向线纹明显，但由于隔板的存在而形成间断，龙骨突与横肋纹相连，不容易分辨，两者密度相同，10 μm 内有 15～18 条（图2-158）。

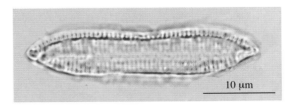

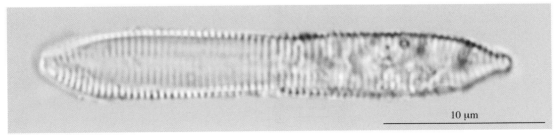

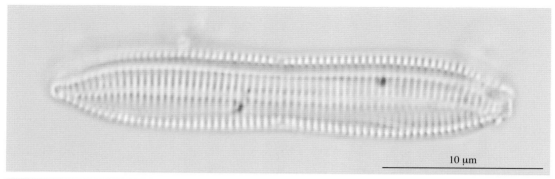

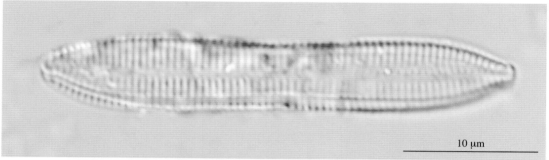

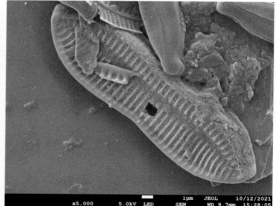

图2-158　细尖盘杆藻 *Tryblionella apiculate*

此种类常生于湖边渗出水、路边积水、沼泽，在水草上附生。在我国山西、黑龙江、广东、西藏、新疆等地均有采集记录。

分布：东平湖、乌梁素海、咸阳铁桥。

（2）盐生盘杆藻

***Tryblionella salinarum* (Grunow) Krammer & Lange-Bertalot**

鉴定文献：Krammer & Lange-Bertalot, 1988, p. 272, pl. 28, figs. 5-10.

特征描述：细胞长18～65 μm，宽8～23 μm。壳面线形椭圆形，在中间略收缢，两端呈尖圆形。壳面在纵向具明显折痕，导致横向线纹呈明显波曲，龙骨突在10 μm内有38～42条，横肋纹在10 μm内有10～15条（图2-159）。

此种类可生活于淡水、半咸水和咸水中。在我国东江干流曾有采集记录（刘静等，2013）。

分布：黄河口湿地、拴驴泉、边墙村、若尔盖。

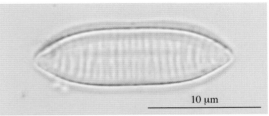

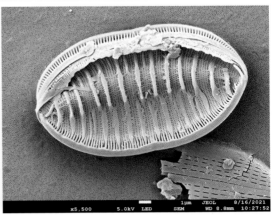

图2-159 盐生盘杆藻 *Tryblionella salinarum*

（3）渐窄盘杆藻

Tryblionella angustata Smith

鉴定文献：Smith, 1853, p. 36, pl.30, fig. 262.

特征描述：壳面线形披针形，向两端呈喙状延伸，末端尖圆形。长76 ～ 100 μm，宽9 ～ 11 μm。龙骨突不明显，线纹在每10 μm有13条（图2-160）。

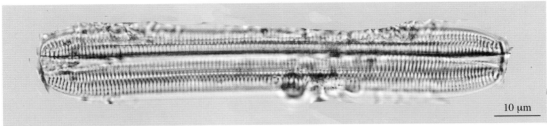

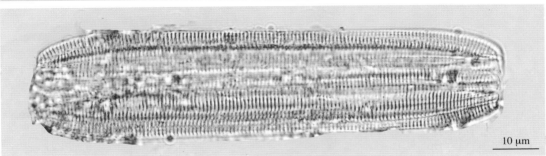

图2-160 渐窄盘杆藻 *Tryblionella angustata*

本种分布于湖泊、泉水、小水渠、河边渗出水、浅水滩、沼泽、路边积水中。

分布：乌梁素海。

棒杆藻科 Rhopalodiaceae

棒杆藻属 *Rhopalodia* Müller, 1985

细胞单生，常见带面观。壳面具背腹侧之分，呈线形或弓形；壳表面光滑，线纹单排至多排，横肋纹粗壮；壳缝系统近背侧，一般位于龙骨上，具龙骨突；外壳面中缝端膨大，有时稍偏向腹侧，内壳面中缝端简单。带面的背侧宽于腹侧，复杂，由断开和闭合的具孔环带组成。

本属广泛分布于淡水和海水中，附着于沉积物、污泥或附生在植物上。

本属与窗纹藻属（*Epithemia*）亲缘关系较近，但结构更加多样，生活环境也更加广泛。形态特征的主要区别在于：本属没有与壳面形成精细的互锁结构。

本属在黄河流域仅发现1种。

（1）弯棒杆藻

Rhopalodia gibba **(Ehrenberg) Müller**

鉴定文献：Müller, 1895, p. 65, pl. 1, figs. 15-17.

特征描述：壳面弓形，背侧弧形，中部有一小的缺刻，腹侧平直，两端逐渐狭窄呈楔形，向腹侧弯曲。背侧具龙骨，其上具不明显的管壳缝，中央节不清楚。细胞长49～200 μm，宽18～30 μm。肋纹发育良好，平行排列，在每10 μm 内有4～10 条（图2-161）。

此种类是淡水普生性种类，在我国具有广泛分布。

分布：乌梁素海。

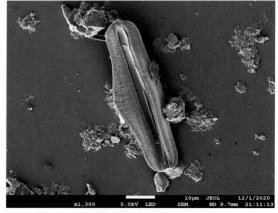

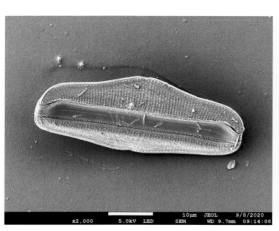

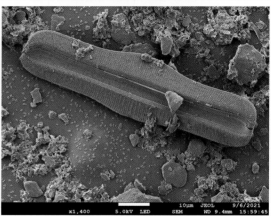

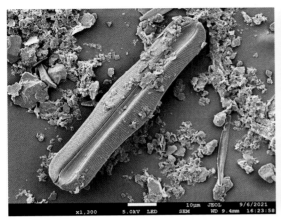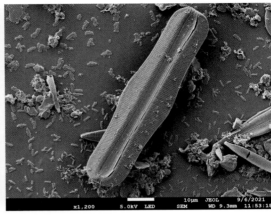

图 2-161 弯棒杆藻 *Rhopalodia gibba*

窗纹藻属 *Epithemia* Kützing, 1844

植物体为单细胞，浮游或附着在基质上；壳面略弯曲，弓形、新月形，左右两侧不对称，有背侧和腹侧之分，背侧凸出，腹侧凹入或近于平直，末端钝圆或近头状，腹侧中部具1条V形的管壳缝，管壳缝内壁具多个圆形小孔通入细胞内，具中央节和极节，但在光学显微镜下不易见到，壳面内壁具横向平行的隔膜，构成壳面的横肋纹，两条横肋纹之间具2列或2列以上与肋纹平行的横点纹或窝孔状的窝孔纹，有些种类在壳面和带面结合处具1纵长的隔膜；带面长方形；色素体侧生、片状，1个。每2个母细胞的原生质体分裂形成2个配子，2个配子结合形成1个复大孢子。

生长在淡水中，多数种类以腹面附着在水生高等植物或其他基质上，喜营养丰富的基质环境。

本属在黄河流域共发现2种。

（1）侧生窗纹藻

Epithemia adnata (Kützing) Brébisson

鉴定文献：Krammer & Lange-Bertalot, 1997, p. 152, pl. 107, figs. 1-11; pl. 108, figs. 1-3.

特征描述：细胞带面和横截面均为矩形，壳面新月形，稍有弯曲，背侧凸出，腹侧略微凹入，两侧近平行，顶端钝圆，不延长，不与壳面主体分开；长15～150 μm，宽7～14 μm；大部分壳缝位于腹侧边缘，中央孔位于壳面近腹侧的一半，一般不超过中线，呈V形；壳缝两分支常形成钝角，约120°；横肋纹平行排列或稍有弯曲，10 μm内有（常3～5条）2～8条；10 μm内窝孔纹有12～14条；两条肋纹间有窝孔纹3～7条；隔片微弱发育，带面观横肋纹的末端圆形但呈不清楚的头状。

扫描电镜下观察：外壳面壳缝裂缝的两侧围绕一圈薄的硅质结构，绕过中央孔一直到壳面腹侧边缘，裂缝在顶端几乎位于中线上，离背腹两侧的距离相等。在裂缝的整个背侧，具一宽的透明带，有时也存在于腹侧。壳面的外表面能看到顶向和切顶向规则排列的半球形顶盖，4～8个半球形顶盖组成一个窝孔纹，通常是4个。在半球形顶盖的下面，简单的分支孔板填充每个窝孔纹的间隙。在壳体内部，壳面是由规则的切顶向的肋纹和肋间杆组成。内部的壳缝裂缝在中央节处连续（图2-162）。

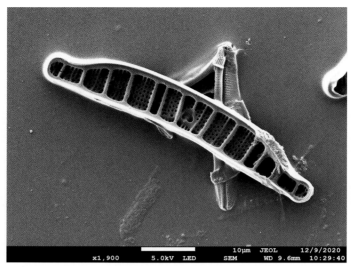

图2-162　侧生窗纹藻 *Epithemia adnata*

此种类常生于湖边渗出水、溪流、小水沟、池塘、路边沼泽中。在我国多地有广泛分布。

分布：乌梁素海。

（2）鼠形窗纹藻

Epithemia sorex Kützing

鉴定文献：Kützing, 1844, p. 33, pl. 5/12, fig. 5 a-c.

特征描述：细胞带面椭圆披针形，环带关于壳面不对称，背侧的环带和壳套比腹侧的宽；壳面具强烈的背腹之分，背侧明显凸起，腹侧凹入，末端明显变窄，呈喙状或头状，朝壳面背侧反曲，末端反曲主要是背侧边缘弯曲造成的；壳面长 15 ～ 65 μm，宽 6 ～ 15 μm；壳缝双弧形，在中部弯向背侧，大部分位于壳面，中央孔一般位于壳面背侧的一半，有时接近背侧边缘；横肋纹辐射排列，10 μm 内有 5 ～ 8 条；10 μm 内有窝孔纹 12 ～ 15 条；两条横肋纹间有窝孔纹 2 ～ 3 条；肋纹清晰，带面观横线纹的末端不呈头状或稍呈头状。

扫描电镜下观察：外壳面壳缝裂缝的两侧围绕一圈薄的硅质结构，绕过中央孔一侧到壳面腹侧边缘，此结构稍低于壳面，因此不是很明显。裂缝在中缝端膨大呈圆形，在远缝端几乎位于中线上，离背腹两侧的距离相等。在裂缝的整个背侧，具一宽的透明带，一般裂缝的腹侧没有此透明带。壳面的外表面能看到顶向和切顶向规则排列的半球形顶盖，硅质化程度高，一般很难看到顶盖的半月形裂缝，在顶盖下面，简单的分支孔板填充每个窝孔纹的间隙。内壳面是由规则的切顶向的肋纹和肋间杆组成。肋纹发育良好，贯穿壳面两侧，一般两个肋纹间会有一个小圆孔，是壳缝管与细胞内部相连的通道，内部的壳缝裂缝在中央节处连续（图2-163）。

此种常生于河流、湖边渗出水、小水渠、沼泽、路边积水，在水草上附生。在我国多地区有广泛分布。

分布：乌梁素海。

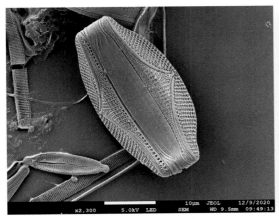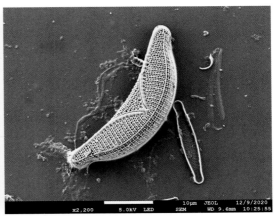

图2-163 鼠形窗纹藻 *Epithemia sorex*

双菱藻科 Surirellaceae

双菱藻属 *Surirella* Turpin, 1828

细胞单生，壳面线形至椭圆形，或倒卵形，有时提琴形，壳面强烈硅质化，表面平坦，或呈凹面，有时具波纹；外壳面肋纹不明显，线纹常多排，在中部常被一凸出的脊断开；壳缝系统环绕整个壳面边缘，龙骨突肋状或盘状；壳缝简单，具中缝端（有时缺失）；带面由数条断开的环带组成。

本属种类体积较大，分布于淡水和海水中，常附着于沉积物或污泥中。

本属在黄河流域发现3种。

（1）微小双菱藻

Surirella minuta Brébisson

鉴定文献：Brébisson & Kützing, 1849, p. 38.

特征描述：壳体异极，带面楔形，壳面倒卵形，一端宽圆形，另一端楔形。壳缘具假漏斗结构，可达到中线，龙骨突在10 μm内有5～8个；线纹细密，在光镜下很难分辨。细胞长20～45 μm，宽9～11 μm（图2-164）。

此种类常生于溪流、小水沟、沼泽、路边积水中。在我国具有广泛分布。

分布：切拉塘、建林浮桥、拴驴泉、桦林、玛曲、红圪卜、小峡桥。

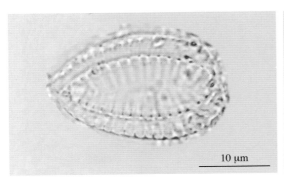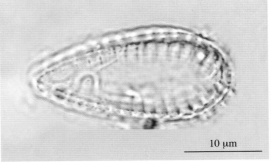

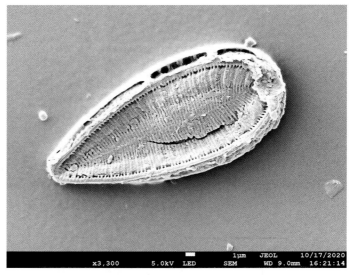

图2-164 微小双菱藻 *Surirella minuta*

（2）维苏双菱藻

Surirella visurgis Hustedt

鉴定文献：Hustedt, 1957, p. 363, pl. 1, figs. 8-10.

特征描述：壳体略呈异极，壳面线形至线形卵圆形，两侧近平行或稍凸出，一端宽圆形，另一端钝楔形；长20～46 μm，宽11～13 μm；假漏斗结构不清楚，龙骨突10 μm内有3～4个；线纹清楚，可延伸至中部，甚至穿过中部窄线区，10 μm内有15～17条（图2-165）。

此种类常生长于路边积水、沼泽，或在岩石上附生。在我国新疆曾有采集记录。

分布：切拉塘。

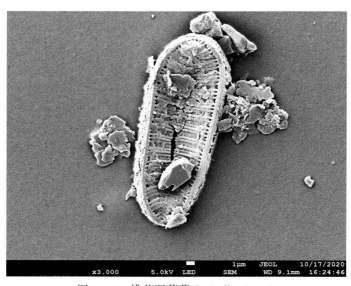

图2-165 维苏双菱藻 *Surirella visurgis*

（3）窄双菱藻

***Surirella angusta* Kützing**

鉴定文献：Krammer & Lange-Bertalot, 1988, p. 486, pl. 133, figs. 6-13.

特征描述：细胞长 15.5 ～ 60.0 μm，宽 6.5 ～ 12.0 μm。壳面平坦，小个体呈椭圆形，大个体壳面两侧直且平行，两端等极，呈楔形，偶尔呈头状；龙骨结构不凸起，翼状结构不可见；肋纹每隔 3 ～ 4 个不是高于就是低于壳面其他肋纹；线纹位于肋纹间，10 μm 内 23 ～ 28 条（图 2-166）。

分布：乌梁素海、汾河。

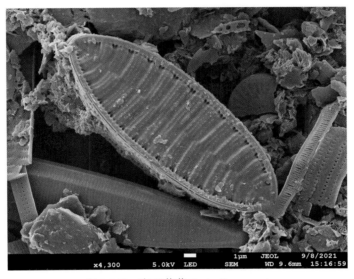

图 2-166　窄双菱藻 *Surirella angusta*

下篇 生态篇

第3章　黄河流域底栖硅藻概述

3.1 底栖硅藻在黄河流域研究的重要性

3.1.1 底栖硅藻概述

硅藻是单细胞真核的自养型生物。在自然环境中，硅藻通常是单细胞或细胞间彼此连接成带状、链状、辐射状或丛状群体，浮游或着生生活。底栖硅藻主要是通过细胞产生的胶质柄、胶质管或胶质团附着于基质上。底栖硅藻细胞个体较小，长度通常在10～100 μm，由果胶质和硅质组成细胞壁，形成高度硅质化的壳体，壳体由上下两个壳面组成，下壳面略小于上壳面，两个壳面通过环带套合在一起形成一个硅藻细胞(刘黎等，2019)。硅藻细胞内含有多种色素体，主要为叶绿素a、叶绿素c、β-胡萝卜素和墨角藻黄素，除此之外还含有硅甲黄素、α-胡萝卜素和岩藻黄素，因此，硅藻细胞往往呈黄褐色或黄绿色。硅藻是一个庞大的类群，不但种类多，数量大，分布也广泛。有报道指出，现已知硅藻的种类已超过3万种。硅藻的生长环境较多样，在淡水、半咸水、海水和陆地上均有分布。硅藻在一年四季中都可以生长繁殖，在温度极低的寒带、高原高山、温带，尤其在温带地区的春季，硅藻的生物多样性及生物量均较高，有研究表明，某些硅藻在水温高达40℃的温泉中也可以生长，而一些硅藻在南极也有分布。硅藻贡献了地球上约1/5的初级生产力，无论是在淡水系统还是海水系统中，硅藻都是主要的藻类组成部分，并且是硅循环的重要组成部分(栾卓等，2010)。

生长在水中各种基质表面上的所有硅藻统称为底栖硅藻，是一种微小单细胞藻类，具有物种高度丰富的特征。根据其生长基质的类型，可以将底栖硅藻分为以下几类：附石的（epilithic）硅藻紧紧地附着在坚硬而又致密的石头上；附植的（epiphytic）硅藻生长在水生植物和其他大型藻类上；附泥的（epipelic）硅藻生长在有机或无机沉积物上；附动的（epizon）硅藻附着在底栖动物等外壳上；附沙的（epipsammon）硅藻生长在细小的沙砾上；附木的（epidendron）硅藻生长在漂浮或沉于水中的木材表面等(王倩等，2009)。许多研究表明，底栖硅藻群落组成在不同基质上存在较大的差异，但也有学者研究认为基质对底栖硅藻群落的影响并不明显。此外，林金城等认为，样品采集（相同基质，如石头）和样本制备对群落结构的干扰，要远小于环境因子和空间距离等因素的影响(王珊珊，2019)。

底栖硅藻是淡水水体中重要的初级生产力，是水生动物鱼类、蟹类、虾类、贝类、螺类的重要食物来源之一，是水生态系统中物质和能量循环中的重要一环，对提高水体溶氧含量，维持湖泊生态系统的稳定起着重要作用。研究发现底栖硅藻是许多浅水型湖泊和池塘的主要初级生产者，是氮、磷等沉降富余营养的主要吸收者和利用者，在水生态系统中扮演着化学调节者的角色。在生长过程中，底栖硅藻能大量吸收水体和基质中的氮、磷等营养物质。作为无机氮和磷的最初收集者，底栖硅藻可以从大型水生植物和底泥吸收营养(邢爽, 2019)。有研究发现，底栖硅藻都能降低养殖塘中的氨态氮、硝态氮、可溶性磷酸盐，还能有效地提高对虾的成活率。

3.1.2 影响底栖硅藻生长和分布的主要因子

底栖硅藻是一种生活在水体基质上的附着生物。大量研究表明，其生存状态受水中的各种环境因素制约，主要有水温、溶解氧、水流速度、电导率、氧化还原电位和营养盐等物理、化学因子，在不同的水体中，硅藻的种类组成也会有差别。

（1）温度

硅藻对温度的适应能力很强，从低温的寒冷地区到高温的温泉水中都能正常生长和繁殖，但各种硅藻都有其适应生长的最适温度范围。一般情况下适宜的水温范围在 $10 \sim 40℃$，温度过高或过低都会影响初级生产力的产生，甚至会由于体内酶活性的减弱而造成细胞死亡。如在水温较低的水体环境中，个体较小的种类会大量生长繁殖，占据优势，而当水温较高时，个体较大的种类又表现出对群落结构较高的贡献度。大多数硅藻适宜在水温较低的春秋季节生长，而在夏季水温则是导致蓝绿藻水华暴发的主要原因，因而硅藻的种类和数量均不占优势。此外，水温还可以通过改变生态系统内各营养级能量传递的效率，间接影响硅藻的群落结构。温度是影响底栖硅藻群落演替和空间分布的重要因子(Hayakawa et al., 1994)。

（2）流速

水流速度可以影响硅藻的分布和数量。研究表明随着流速增加，硅藻多样性指数略有上升，底栖硅藻所占比例大，但当流速过高时，底栖硅藻难以附着到基质上，多样性指数反而下降，浮游硅藻稍占优势。流速是影响底栖硅藻群落分布的显著因子，流速变化对于硅藻丰度的影响符合正态分布(王翠红和张金屯, 2004)。在水流速度高的水体中，个体较小的硅藻占优势，但流速过高时，硅藻的种类和数量也会相应减少。在一定的流速范围内，增加水体的流速可以抑制硅藻的生长。

（3）电导率

电导率是影响硅藻群落结构的一个重要因素。电导率与水体中各种离子的总浓度呈正相关，可溶的离子越多，电导率越大(周光益等, 2009)。水体中的电导率大幅度下降时，硅藻的种类和数量也明显减少，有些种类甚至消失。Potapova (2010)对美国多条河流中的底栖硅藻进行研究，发现电导率和离子组成是影响硅藻分布的最重要因子。随着电导率的增加，水体中硅藻种类的组合也会发生相应的变化。电导率是影响硅藻群落结构的重要环境变量，有研究表明，丰水期和枯水期藻类群落结构变化与电导率均有相关性，水体离子和电导率都会影响底栖硅藻的群落分布特征(刘兴荣, 2010)。

(4) pH

硅藻对水体的 pH 反应很敏感，在很大程度上，pH 的改变会影响硅藻群落结构的组成，也是影响硅藻种群分布的重要因素。硅藻可以分为碱性、嗜碱性、中间型、嗜酸性和酸性五种生物型。在不同 pH 的水体，硅藻的种类也不相同，pH 会显著影响硅藻附着胞外多糖的分泌，而胞外多聚物的分泌会影响硅藻细胞的附着能力，对稳定群落组成有一定的作用(李钟群等, 2012b)。

(5) 营养盐

水体中的营养盐是影响硅藻代谢活动和生长速率的关键因素，营养盐结构的变化还会影响硅藻群落结构的改变(李亚蒙等, 2010)。氮磷营养盐浓度在一定范围内的增加会促进底栖硅藻的生长，但是营养盐过高和过低对硅藻都不利，过低会限制硅藻的生长，过高又会对硅藻产生毒害作用，使其死亡。有研究表明，小型异极藻、普通菱形藻、梅尼小环藻等可作为水体富营养状态的指示种(李巧玉等, 2017)。

氮、磷等营养盐及微量元素是底栖硅藻的基础资源，其中硅元素对于硅藻而言又是十分独特且重要。按获取营养的方式可将硅藻分为三种类型：①高营养吸收率和高生长率兼备的速度型适应物种；②高营养吸收率但低生长率的储存型适应物种；③低营养吸收率但高生长率的亲和型适应物种。经典的 Redfield 理论认为天然水体中的藻类进行光合作用，合成本身的藻类原生质，临界的氮磷比按元素计为 16 ∶ 1。当氮磷比大于 16 ∶ 1 时，磷将限制藻类的生长；否则，氮则可认为是藻类增长的限制因素。还有研究表明氮磷比按质量计为 7 ∶ 1 时，为硅藻生长的最适营养比，且表现为对磷含量的变化极为敏感。据相关研究报道，磷是影响水生态系统初级生产力的主要限制因素，多数情况下水体中并不缺少氮，因此磷含量的多少便会直接造成水体富营养化。经济合作与发展组织(OECD) 在对环境因子相关性的研究中同样认为磷作为唯一的主导因子占 80%；氮作为主导因子仅占 11%；而氮、磷共同作为主导因子占 9%。

(6) 光照

光照是影响底栖硅藻生长的关键环境因素之一。底栖硅藻作为水生态系统中重要的初级生产者，其生长和繁殖对光照强度的变化极为敏感。光合作用是硅藻生长的基础过程，而光照不仅提供了能量来源，还通过调节光合作用速率直接影响硅藻的生长效率和生物量积累。研究表明，不同光照条件下，硅藻的光合色素含量、细胞结构以及生理特性会发生显著变化。此外，光照的质量，即光谱组成，也对硅藻的生长具有重要影响，特定波长的光能够激活或抑制硅藻的光合作用和生长速度。因此，理解光照对底栖硅藻的影响机制，不仅有助于揭示水体生态系统的动态变化，还为水质管理和生态修复提供了科学依据。在全球气候变化和人类活动的双重压力下，深入研究光照与硅藻生长之间的关系显得尤为重要。

3.1.3 国内外研究进展

底栖硅藻的生活史相对较短，能对环境做出迅速的反应，现存生物群落是对当前环境直接而客观的体现；底栖硅藻群落在空间上是紧凑的，在一小块底质上就能采集到有代表性的群落。同时，底栖硅藻种类繁多，不同种类对环境压力的耐受性不尽相同，被认为能有效指示环境的变化。底栖硅藻已被广泛用于河流健康评估和生物监测。很多学者将底栖硅藻和环境因子结合起来，发展出能指示水体水质的硅藻评价指数。

运用底栖硅藻评估水生态系统健康已有100多年的历史。目前，欧美等一些国家已将硅藻列为河流水质监测的常规项目之一。20世纪末，美国环境保护署（EPA）将硅藻的河流监测方法制作成标准规范，随后不久又将硅藻列为重要的生物监测手段；21世纪初，欧盟在颁布的《水框架指令》（Water Framework Directive）中也将硅藻作为评价水生态系统健康的重要组成部分；日本、韩国以及印度等一些亚洲国家，在硅藻生物监测方面也取得了显著成果，并积极尝试运用生物监测技术来解决更多的问题。

在我国，由于早期缺乏系统研究，未建立相应的分类系统及研究方法，对于硅藻用于水质监测的研究起步较晚，目前还处于初级阶段。目前的研究主要集中在环境因子对于硅藻群落演替的驱动、特定属种对于环境的指示能力，以及利用硅藻种类组成、相对丰度、生物量、优势种等与环境因子的相关性评价水体状况。一些学者尝试利用这些硅藻指数来评价和监测国内河流。赵湘桂等(2009)认为特定污染指数和硅藻生物指数对我国河流监测的开展具有借鉴作用；邓培雁等(2012)研究了7项硅藻指数在华南地区大型河流东江的适用性，表明硅藻生物指数和硅藻属指数较适合于东江水质健康的评价；李钟群(2012a)对浙江白沙溪的研究表明，硅藻生物指数和特定污染敏感指数均与电导率、总磷、氨氮等环境因子之间呈显著负相关。硅藻生物指数包含838种底栖硅藻，这在很大程度上提高了其指示环境状况的准确度。

3.1.4 底栖硅藻在黄河流域监测中的重要性

底栖硅藻是河流生态系统中的初级生产者，具有以下几大优点：①受环境中各种物理化学因素的直接影响，具有较快的繁殖率和较短的生活历史，能对环境做出迅速的反应，现存生物群落是对当前环境直接而客观的体现，适于监测短期的环境变化；且硅藻对某些环境污染物十分敏感，而这些污染对其他生物的影响不明显或只在高浓度下才表现出来。因此，硅藻群落反映多种污染物对河流水生物长期、累积、综合的生态效应，是十分有效的河流水质指示生物；②底栖硅藻是一类附着生物，不随水流流动，与其他生物相比，能更好地反映某一河段的生境状况；③底栖硅藻群落在空间上紧凑，与底栖动物和鱼类等生物监测相比，采样过程简单、样品材料易得，在小块底质上就能采集到有代表性的群落，对采样环境的影响极小；④底栖硅藻种类繁多，不同种类对环境压力的耐受性不尽相同，被认为能有效指示环境的变化。因此，建立基于底栖硅藻的生态系统健康监测技术研究具有重大的现实意义。

黄河流域浮游藻类种类多样性丰富，其中以硅藻作为主要类群。而对于该地区的底栖硅藻的相关研究未见专门报道。因此，目前缺乏整个黄河流域硅藻种类鉴定的详细名录以及硅藻在不同生境下的生态分布的研究。研究黄河流域底栖硅藻的种类组成和分布的特点，分析水生态系统的状况，能够在一定程度上预测水生态系统的发展演变趋势，为黄河流域水生态保护工作提供科学依据，并为黄河流域水质监测和水污染治理方面提供基础资料和生物学依据。

3.2 底栖硅藻在黄河流域的采样方法

考虑黄河干流具有泥沙含量大、水流速度快等特征，底栖硅藻的采集方法在《湖泊富营养化调查规范》的基础上进行改进：将底栖硅藻定量样品采集分为相对定量和绝对定量两种方法，并采集定性样品。

3.2.1 样品采集

采集与处理器材

不锈钢勺、牙刷、镊子、抹刀、刀片、剪刀、载玻片、托盘、一端带胶圈的PVC管、吸盘或吸管、洗瓶（装蒸馏水用）、培养皿、100 mL样品瓶、甲醛、鲁哥氏液、透明胶带。

记录工具

记号笔、铅笔、标签纸、采集记录本。

相对定量样品的采集

根据现场情况选择容易刮取和测量的天然基质，如粗砾石、鹅卵石以及树木残干等，从其表面刮取一定面积的样品进行定量分析。将采集的基质放置于白瓷盘中，用牙刷刷取基质表面 5 cm×5 cm 的面积，用蒸馏水或纯净水冲洗牙刷，使用样品瓶收集冲洗混合物。若基质无法从水体取出，使用刀片或镊子刮取基质表面 5 cm×5 cm 的面积，用蒸馏水或纯净水冲刷刀片或镊子，收集冲洗混合物进样品瓶。

绝对定量样品的采集

在黄河各位点垂放两个人工挂片（图3-1），放置3～4周时间，然后用小刀或牙刷收集挂片表面所有硅藻，装入100 mL采样瓶内。

图3-1　人工挂片及安放

定性样品的采集

采集所有生境（浅滩、急流、浅池、近岸区域）不同基质上的着生藻类样品，将所有样品混合装入样品瓶中，贴上临时标签。若采集地点没有可以采集的基质，建议使用25号浮游生物网对水体的浮游生物种类进行定性采集，以获取较为丰富的种类类群。

样品的固定与保存

定性样品固定：按5%比例加入鲁哥氏液，如需长期保存需加入3%甲醛溶液。

定量样品固定：按5%比例加入鲁哥氏液，鉴定完成后如需长期保存需加入3%甲醛溶液。

样品保存：在样品瓶外贴好标签，标明采样点信息、采样日期以及样品体积等。用透明胶带粘贴于标签外层，以防止标签脱落。将样品置于样品柜中密封并避光保存。

3.2.2 样品前处理

硅藻前处理器材及试剂

酒精灯、胶头滴管、移液枪、枪头、烧杯、天平、试管、试管夹、试管架、1.5 mL离心管、记号笔、白胶布、剪刀、镊子、防酸手套、乳胶手套、离心机、离心管及振荡器、浓盐酸（95% ~ 98%）、浓硫酸（98%）、浓硝酸（65% ~ 68%）、双氧水（30%）、75%酒精及蒸馏水等。

藻类封片器材及试剂

载玻片、盖玻片（20 mm × 20 mm）、胶头滴管、加热板、标本盒、砖石笔、镊子、Naphrax胶（折射率1.703）或加拿大树胶、二甲苯或甲苯、蒸馏水等。

硅藻样品处理

硅藻种类的形态学鉴定主要依据其细胞壁上硅质花纹和形态以及数量，因此采用三酸法对藻类样品进行处理，主要步骤如下：

（1）取10 mL样品至离心管，3 000 r/min离心10 min；去掉上清液，剩余2 mL左右样品，混匀后移至玻璃试管中；

（2）加入与样品等量盐酸，在酒精灯上灼烧，烧至不再有大量气泡产生时，加入等量浓硫酸，轻轻摇晃混匀，加热至沸腾，然后加入等量浓硝酸，加热至不再产生褐色气体时停止加热；

（3）冷却至常温后转入10 mL离心管中，12 000 r/min离心5 min，去掉上清液，加入蒸馏水，充分振荡混匀，再次12 000 r/min离心5 min，去上清液。重复此过程5次左右，清洗至样品pH呈中性；

（4）最后一次离心去掉上清液后，加入1 mL左右无水乙醇，混匀后将沉淀转移至离心管中，补充无水乙醇至1.5 mL，贴上标签保存。

硅藻永久装片制作方法如下：

（1）取硅藻壳悬浮液标本滴一滴（约0.1 mL）到盖玻片上，放置于烘片机上60 ~ 70℃烘干；

（2）滴一滴Naphrax封片胶于载玻片中间，将盖玻片有标本的一面向下，扣在含封片胶的载玻片上，等待盖玻片缓缓降落完全封住载玻片；

（3）将载玻片放在加热板上145℃加热，待封片胶不再产生气泡后，移出玻片并用镊子轻轻按压挤出气泡；

（4）玻片冷却后静置1周左右即可进行观察计数。

3.2.3 实验室分析

器材

配备 10×、20×、40×、100×（油镜）物镜及 10×、15× 目镜的相差或微分干涉显微镜、浮游生物计数框、载玻片、盖玻片、电热平板、镊子、200 μL 移液枪、酒精灯、恒温水浴锅、胶头滴管、1.5 mL 离心管、防酸手套、护目镜、防护服、通风橱、纱布等。

藻类鉴定

选用合适的器皿，尽量减少样品转移的次数，将着生藻类样品浓缩、沉淀后，定容至20 ～ 50 mL（根据不同样品中生物个体的密度调整定容的体积）。将浓缩样品充分摇晃均匀后，取 0.1 mL 置于浮游生物计数框中（图3-2）鉴定计数。

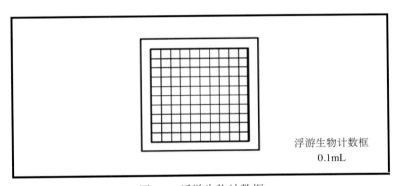

浮游生物计数框
0.1mL

图3-2 浮游生物计数框

在10×40显微镜下，将藻类鉴定至属或种级分类水平，其中优势种要求鉴定到种。如有大量硅藻出现，建议按照定性硅藻样品的处理方法进行封片，在10×100显微镜下进行鉴定，用此结果对10×40倍显微镜的鉴定结果进行校正。

将藻类封片样品置于 10×100 倍油镜（具有相差干涉对比功能的显微镜）下观察，样品尽量鉴定至属及以下。对于光学显微镜下形态特征难以鉴定的种类，可通过扫描电子显微镜进行鉴定。

扫描电子显微镜观察标本的准备方法如下：

在铜制样品台上贴上导电胶，在导电胶上贴上圆形盖玻片，滴上 5 ～ 10 μL 处理后的标本，自然干燥。标本干燥后，在真空条件下喷金3 min，即可观察鉴定。

藻类计数

（1）长条计数法

选取两相邻刻度从计数框的左边一直计数到计数框的右边称为一个长条。与下沿刻度相交的个体，应计数在内，与上沿刻度相交的个体，不计数在内，与上、下沿刻度都相交的个体，以生物体的中心位置作为判断的标准，也可在低倍镜下，按上述原则单独计数，最后加入总数之中。一般计数三条，即第2、5、8条（图3-3 a），若藻体数量太少，则应全片计数。

（2）对角线计数法

对于刚开始从事生物监测工作的人员，在长期鉴定计数中，推荐对计数框中的样品按照对角线进行计数（图3-3 b），每0.1 mL样品计数5或10个小格，重复计数多次，共计数30个小格。

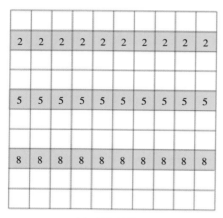 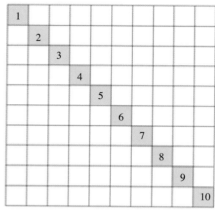

（a）长条计数法   （b）对角线计数法

图3-3　计数方法示意

对丝状体和一些较小的群体，可以先计算个体数，然后求出该种类个体的平均细胞数；对于群体，可通过加热、超声波振荡等方法使其散开成为单个细胞或少数细胞的群体，进而完成计数。

若需要对硅藻群落进行精细分析，可在硅藻封片中计数400～600个硅藻壳面（羽纹纲硅藻一个完整的藻体由两个壳面组成，中心纲硅藻链状由两个壳面组成），计算每个种类的相对丰度，以此分析群落组成情况。

结果计算

样品中单位面积藻类的个体数量n（个/cm²）计算公式：

$$n = \frac{n_i V_i}{VS}$$

式中，n——单位面积藻类个体数量，个/cm²；

n_i——抽样的总个体数量，个；

V——抽样体积，mL；

V_i——定容总体积，mL；

S——采样总面积，cm²。

第4章 黄河底栖硅藻的物种指示作用

4.1 底栖硅藻调查计划

　　黄河流域幅员辽阔，支流较多，涉及多个湖泊，水体生态环境类型丰富。根据监测点位布设的代表性、一致性、可行性原则，共设计99个采样位点，其中河流74个，湖泊25个，样点合理分布在黄河流域源头、上游、中游、下游区域。分别在2020年7—9月、2021年5—7月、2022年6—7月进行底栖硅藻的采样。各采样点基本信息见表4-1。

表4-1　黄河流域水生态调查监测点位

序号	样点名称	样点属性	所属区域	经度	纬度	所属河流
1	大水	支流	源头	102.3583	33.9724	黑河
2	鄂陵湖1	湖泊	源头	97.45239	34.82437	鄂陵湖
3	鄂陵湖4	湖泊	源头	97.7741	35.0929	鄂陵湖
4	红原	支流	源头	102.5601	32.8223	白河
5	玛多黄河沿	干流	源头	98.17002	34.88596	黄河
6	玛曲	干流	源头	102.0846	33.96112	黄河
7	门堂	干流	源头	101.0292	33.7946	黄河
8	切拉塘	支流	源头	102.6138	33.15296	白河
9	若尔盖	支流	源头	102.9359	33.59512	黑河
10	唐克	支流	源头	102.4616	33.41034	白河
11	唐乃亥	干流	源头	100.1433	35.5103	黄河
12	扎陵湖2	湖泊	源头	97.34	35.0251	扎陵湖
13	扎陵湖3	湖泊	源头	97.3383	34.835	扎陵湖
14	板洞东	湖泊	上游	108.8703	40.9235	乌梁素海
15	边墙村	支流	上游	102.8496	36.33537	湟水
16	陈旗村	支流	上游	103.8406	34.70663	洮河
17	大北口	湖泊	上游	108.8361	40.9121	乌梁素海
18	大河家	干流	上游	102.7585	35.8416	黄河
19	磴口	干流	上游	110.1726	40.55148	黄河
20	东大滩	湖泊	上游	108.9136	41.0105	乌梁素海
21	红圪卜	湖泊	上游	108.8224	40.99752	乌梁素海

（续）

序号	样点名称	样点属性	所属区域	经度	纬度	所属河流
22	红旗	支流	上游	103.4633	35.8883	洮河
23	湟水桥	支流	上游	103.3489	36.1252	湟水
24	金滩	支流	上游	101.0703	36.84344	湟水
25	李家峡	干流	上游	101.8455	36.11582	黄河
26	龙羊峡库区出水口	水库	上游	100.9143	36.12563	龙羊峡水库
27	龙羊峡水库湖心	水库	上游	100.7219	36.15858	龙羊峡水库
28	龙羊峡水库入水口	水库	上游	100.2735	35.72799	龙羊峡水库
29	碌曲	支流	上游	102.4587	34.5943	洮河
30	麻黄沟	干流	上游	106.7751	39.37228	黄河
31	赛尔龙	支流	上游	102.1425	34.49554	洮河
32	三盛公	干流	上游	107.0364	40.32554	黄河
33	上海石村	支流	上游	102.8325	36.35136	大通河
34	什川桥	干流	上游	103.9941	36.15801	黄河
35	洮园桥	支流	上游	103.7868	35.58185	洮河
36	头道拐	干流	上游	111.0741	40.26352	黄河
37	乌梁素海湖心	湖泊	上游	108.7942	40.8675	乌梁素海
38	乌毛计	湖泊	上游	108.7074	40.78418	乌梁素海
39	五佛寺	干流	上游	104.295	37.16879	黄河
40	西大滩	湖泊	上游	108.8616	40.9796	乌梁素海
41	西羊场	湖泊	上游	108.9117	40.9508	乌梁素海
42	西寨大桥	支流	上游	103.7922	34.49417	洮河
43	峡塘	支流	上游	102.4241	37.00376	大通河
44	先明峡桥	支流	上游	102.7189	36.7703	大通河
45	小峡桥	支流	上游	101.9538	36.55223	湟水
46	新城桥	干流	上游	103.4898	35.17161	黄河
47	叶盛公路桥	干流	上游	106.2167	38.13781	黄河
48	扎马隆	支流	上游	101.4333	36.65832	湟水
49	白马寺	支流	中游	112.5892	34.71027	洛河（伊洛河）
50	柏树坪	干流	中游	110.6715	37.43977	黄河
51	大横岭	水库	中游	112.2552	34.95468	小浪底水库
52	汾河水库出口	支流	中游	111.9285	38.00483	汾河
53	风陵渡大桥	干流	中游	110.3261	34.6047	黄河
54	高崖寨	支流	中游	112.3736	34.59743	洛河（伊洛河）
55	海壕	湖泊	中游	112.3856	34.5992	乌梁素海
56	韩武村	支流	中游	112.3145	37.46508	汾河
57	河西村	支流	中游	111.8597	38.24493	汾河
58	桦林	支流	中游	104.8516	34.75406	渭河
59	龙门	干流	中游	110.5965	35.65995	黄河
60	龙门大桥	支流	中游	112.4697	34.5294	伊河
61	洛河大桥	支流	中游	111.12	34.09523	伊河
62	洛宁长水	支流	中游	111.4455	34.32998	洛河（伊洛河）

（续）

序号	样点名称	样点属性	所属区域	经度	纬度	所属河流
63	南村	水库	中游	111.8277	35.05415	小浪底水库
64	南山	水库	中游	112.0391	35.03754	小浪底水库
65	葡萄园	支流	中游	106.7082	34.37332	渭河
66	七里铺	支流	中游	113.0575	34.82748	洛河（伊洛河）
67	沙王渡	支流	中游	109.3625	34.53959	渭河
68	上平望	支流	中游	111.295	35.64608	汾河
69	陶湾	支流	中游	111.4622	33.81781	伊河
70	潼关吊桥	支流	中游	110.2373	34.61444	渭河
71	万家寨水库	干流	中游	111.4271	39.56784	黄河
72	王庄桥南	支流	中游	111.6832	36.66908	汾河
73	渭河宝鸡市出境	支流	中游	107.9857	34.24149	渭河
74	卧龙寺桥	支流	中游	107.273	34.35427	渭河
75	咸阳铁桥	支流	中游	108.7397	34.33511	渭河
76	小浪底水库	干流	中游	112.4074	34.92157	黄河
77	岳滩	支流	中游	112.7751	34.68431	伊河
78	艾山	干流	下游及河口	116.338	36.2975	黄河
79	刁口河滨孤路桥	支流	下游及河口	118.7215	37.88704	刁口河
80	丁字路口	干流	下游及河口	119.1569	37.75985	黄河
81	东平湖2#	湖库	下游及河口	116.2057	36.04965	东平湖
82	东平湖3#（湖北）	湖泊	下游及河口	116.1976	35.9786	东平湖
83	东平湖4#	干流	下游及河口	116.0184	35.97078	东平湖
84	东平湖5#	湖库	下游及河口	116.1311	35.95779	东平湖
85	东平湖6#（湖南）	湖泊	下游及河口	116.2231	35.9462	东平湖
86	东平湖7#	湖库	下游及河口	116.2398	35.93973	东平湖
87	东平湖8#	湖库	下游及河口	116.3157	35.93715	东平湖
88	飞燕滩	支流	下游及河口	118.6806	38.1037	刁口河
89	花园口	干流	下游及河口	113.7022	34.91435	黄河
90	黄河口湿地1	干流	下游及河口	119.1312	37.74724	黄河
91	黄河口湿地2	干流	下游及河口	119.1242	37.76749	黄河
92	建林浮桥	干流	下游及河口	118.7562	37.73858	黄河
93	垦利	干流	下游及河口	118.5313	37.60382	黄河
94	利津水文站	干流	下游及河口	118.3069	37.51459	黄河
95	沁阳伏背	支流	下游及河口	112.7915	35.13987	沁河
96	拴驴泉	支流	下游及河口	112.6279	35.28393	沁河
97	五龙口	支流	下游及河口	112.6691	35.16869	沁河
98	武陟渠首	支流	下游及河口	113.409	35.01384	沁河
99	桩埕路桥	支流	下游及河口	118.7182	38.01929	刁口河

4.2 底栖硅藻种类组成与指示作用

河流由于经常受到人类活动影响而形成了复杂且脆弱的生态系统(Dudgeon et al., 2006)。复杂的人类活动改变生态评价系统中的主要过程，从而可能改变指示物种在评价系统中的稳健表现(Zhang et al., 2022)。因此，脆弱生态系统的生态评估一直是一个广泛受到关注的问题。

黄河干流内蒙古河口镇以上为上游，自内蒙古河口镇至河南郑州市桃花峪为中游，桃花峪以下为黄河下游。中游河段是黄河流域水土流失的重点治理区；下游流域人口密集，且其间有近800 km河道为"地上悬河"。黄河流域涵盖了多样的景观，包括湿地、草地和高原等类型的生态系统，是我国脆弱生态系统的典型代表，受到一系列人类活动的扰动(Wang et al., 2016)。这些人类活动包括黄河改道、过度放牧、采沙、水库建设、水土流失、水沙调控、植被退化以及景观改造等，这些活动已经并正在改变着黄河流域生态系统的结构和功能(Wang et al., 2016)。自2000年以来我国开展的三江源、甘南等区域生态保护与修复工程虽然有效控制了水土流失和入黄泥沙量，然而不当的人类活动仍在局地引起一系列的生态系统退化问题(夏军等, 2021)。尤其是黄河生物多样性下降问题引起了专家学者们的关注(Wang et al., 2021)。例如，赵亚辉等人(2021)研究了鱼类多样性在黄河流域的特点，指出黄河鱼类从20世纪80年代的125种减少到2018年的47种，梯级水电开发、水资源过度利用、外来物种入侵、水域污染和过度捕捞是导致当前黄河鱼类多样性大幅降低的重要因素。胡俊等人(2016)调查了黄河中游内蒙古河段浮游植物群落特征与环境因子之间的关系，结果表明浮游植物群落组成的差异与农灌退水密切相关。可见，人类活动正深刻影响着黄河中下游水生生物的多样性格局。对于黄河生态系统的管理者来说，无论维护或是改善黄河生态系统的健康，都需要能够科学评估生态系统的健康状况，这样才能提出更具针对性的修复策略。

底栖硅藻是河流水生生物类群中最重要的组成部分，不仅为生态系统中的其他消费者提供碳源，也因分布广、种类多、世代周期短、对环境高度敏感等特点，被认为是河流生态系统中良好的指示生物(Ács et al., 2019, Kelly et al., 2010)。底栖硅藻种类组成不仅是群落水平上生物指示的重要指标，同时也是生态系统稳定性维持的基础(Wu et al., 2019; Benito & Fritz, 2020)。因此，底栖硅藻种类组成被广泛用于河流生态系统的健康评价(Riato & Leira, 2020; Tan et al., 2013)。

浮游植物功能群系统根据生态位原则成功地将浮游植物应用于很多淡水生态系统的健康评价中(Borics et al., 2007; Padisák et al., 2006)。尽管原始的浮游植物功能群系统开发者没有试图将底栖硅藻纳入功能群系统，研究者们还是认识到底栖硅藻在这个功能群系统的未来应用中具有很大空间(Reynolds et al., 2002)。由于浮游植物功能群系统通过生境模板架起了生物与环境条件之间的桥梁(Zhang et al., 2021)，因此它是一个非常便利的工具。近年来，一些研究人员逐渐意识到可以使用底栖硅藻来评价水体生态系统的健康状况(Abonyi et al., 2021)。本书中，我们根据浮游植物功能群系统的规则探讨了黄河流域底栖硅藻的指示作用。

　　除了黄河干流，我们还关注了黄河的8条主要汇入支流情况，含白河、黑河、洮河、湟水、汾河、渭河、洛河和沁河。黄河干流和8条支流的环境特征和营养状况如表4-2所示。黄河干流和渭河水体具有高浊度特征，明显高于其他支流（Kruskal-Wallis检验，$P<0.05$）。汾河和渭河是所有河流中富营养化程度最高的支流。其中，汾河的化学需氧量（COD）浓度最高，并显著高于黄河干流（Kruskal-Wallis检验，$P<0.01$）。汾河和渭河的总磷、总氮浓度最高，并显著高于黄河干流（总磷：$P<0.05$；总氮：$P<0.001$）。氨氮在所有河流中没有显著差异。

　　冗余分析（Redundancy analysis，RDA）是一种回归分析结合主成分分析的排序方法，用以探索群落物种组成受环境变量约束的关系。为了确定决定黄河流域底栖硅藻物种的环境变量强度，我们使用16个环境变量（包括水温、纬度、浊度、电导率、pH、溶氧、COD、氨氮、总磷、总氮、海拔、底质含沙率、沿岸带植被率、道路桥梁数目、人口密度和农业用地比率）来执行RDA。RDA通过前向预选过程、蒙地卡罗功能测试（999次排列）和膨胀因子系数（$VIF<20$）对环境变量进行筛选，结果表明6个环境变量被RDA筛选出来，包括水温、纬度、浊度、总氮、pH和电导率，这6个环境因素贡献了RDA第一轴和第二轴31.7%和18.8%的解释率（图4-1）。RDA三序图揭示了黄河流域底栖硅藻的分布与这6个环境因子密切相关。总体来说，总氮、浊度、电导率和pH是黄河流域最重要的人类活动因素；而水温和纬度是影响硅藻群落组成最重要的区域条件。

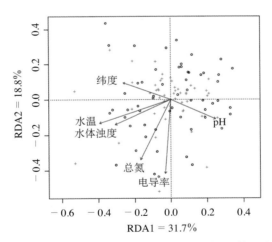

图4-1　冗余分析（RDA）显示了主要环境变量对底栖硅藻物种组成的贡献
注：黑圈代表所有样本，红色十字代表不同的硅藻物种。

　　非度量多维标度（Non-metric Multidimensional Scaling，NMDS）分析是主坐标分析（PCoA）的非度量替代方法，用于将NMDS给定的距离测度反映对象之间的顺序关系。我们使用NMDS分析用于探讨不同样地的底栖硅藻物种组成模式之间的关系，并深入揭示了哪些环境因子影响了硅藻物种组成。NMDS分析中，使用底栖硅藻的相对丰度换算为Bray-Curtis的差异度来衡量。结果表明，NMDS和聚类分析结果都将底栖硅藻物种组成划分为3个不同的组（图4-2）。组1主要为黑河、湟水和黄河干流上游河段；组2主要为黄河干流河段；组3主要为汾河和渭河河段。

表4-2 黄河流域环境条件

生境条件	黄河		白河	黑河	洮河	湟水	汾河	渭河	洛河	沁河
	上游	中下游								
纬度 (°)	37.4±2.3 b	37.0±1.3 b	33.3±0.2 a	33.6±0.0 ab	34.8±0.5 ab	36.6±0.2 ab	37.2±1.1 b	34.5±0.2 a	34.5±0.3 a	35.1±0.1 ab
海拔 (m)	1830.6±1069.1 c	176.5±294.6 d	3442.7±11.4 a	3439.3±0.0 a	2419.2±630.5 b	2328.2±502.3 b	792.0±323.2 cd	614.7±410.4 d	260.6±188.3 d	178.3±119.5 d
水温 (℃)	18.1±3.7 a	20.9±2.7 b	16±4.7 ab	13.8±0.0 ab	14.7±2.5 a	14.3±1.4 a	23.5±2.1 b	23.7±2.5 b	23.6±5.5 b	24.2±1.4 b
电导率 (µS/cm)	69.2±23.3 a	529.8±757.9 b	149.0±199.5 ab	14.1±0.0 ab	35.8±6.4 ab	63.8±20.8 ab	109.1±32.6 ab	73.2±11.7 ab	54.8±7.0 ab	84.0±8.9 ab
pH	7.9±0.5 a	8.2±0.3 a	7.0±0.0 b	8.0±0.0 a	8.2±0.5 a	8.0±0.0 a	8.2±0.4 a	8.0±0.0 a	8.0±0.0 a	8.0±0.0 a
溶氧 (mg/L)	7.5±0.8 b	8.4±0.7 b	4.5±2.2 a	6.1±0.0 ab	7.3±0.3 ab	8.4±1.2 b	8.4±1.6 b	7.8±1.2 b	8.6±1.1 b	10.1±2.6 b
COD_{Mn} (µg/L)	2400.0±606.0 b	2800.0±1416.6 b	3800.0±282.8 ab	2000.0±0.0 ab	1125.0±189.3 b	3700.0±391.6 ab	5420.0±3203.4 a	3371.4±1154.3 ab	2380.0±1143.2 b	2100.0±81.7 b
总磷 (µg/L)	41.3±26.9 ab	35.6±10.8 b	96.0±5.7 b	105.0±0.0 b	25.0±21.2 ab	73.5±45.1 b	130.8±98.2 a	105.6±72.4 a	53.0±31.2 b	27.0±22.3 ab
总氮 (µg/L)	1843.3±859.1 a	2440.0±1052.6 a	870.0±721.2 a	2660.0±0.0 a	1470.0±798.2 a	3237.5±1228.8 a	4944.0±2837.9 b	5048.6±867.0 b	2606.0±719.4 a	2645.0±715.1 a
氨氮 (µg/L)	104.2±85.0	195.2±124.4	345.0±77.8	480.0±0.0	105.0±37.9	182.5±219.0	240.0±203.8	167.1±133.0	110.0±109.8	57.5±49.9
浊度 (NTU)	292.9±211.7 a	273.6±296.3 a	126.7±137.7 b	182.0±0.0 b	56.2±47.0 b	211.9±167.1 b	111.4±90.9 b	554.4±842.8 a	16.8±7.9 c	13.7±10.8 c
底质含沙率 (%)	82.9±9.6	81.9±10.5	82.5±10.6	95.0±0.0	70.0±5.8	68.8±16.5	69.0±8.9	70.0±15.5	68.1±14.9	67.5±18.5
河岸带植被率 (%)	37.5±25.9	81.9±10.5	27.5±3.5	25.0±0.0	38.8±27.8	51.2±27.2	59.0±20.7	35.7±29.5	52.0±17.9	56.3±16.0
公路和桥梁数目 (个)	0.7±0.9	1.3±0.8	0.5±0.7	1.0±0.0	1.0±0.8	1.3±0.5	0.8±0.4	1.0±0.8	0.8±0.8	0.8±0.5
人口密度 (人/km²)	224.4±386.9	259.5±213.5	7.0±1.4	8.0±0.0	116.8±54.5	178.2±139.3	346.0±467.9	307.9±203.3	467.2±189.9	590.3±335.3
农业用地比率 (%)	9.3±8.4 c	31.3±19.9 b	74.5±24.8 a	57.0±0.0 bc	27.2±21.7 bc	24.7±32.4 bc	45.2±13.3 b	20.7±8.4 bc	29.0±12.2 bc	34.2±9.7 bc

注：所示的值为均值 ± 标准偏差 (SD)。不同字母表示变量在所有河流间差异的显著性 (Kruskal-Wallis 检验, $p < 0.05$)。

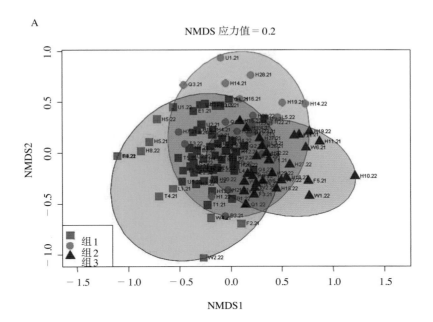

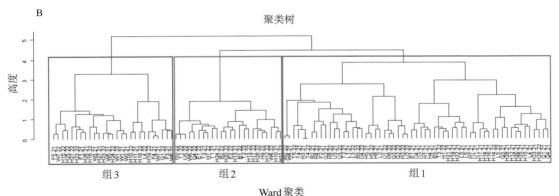

图4-2 黄河流域采样位点的聚类分组情况

A.非度量多维尺度分析（NMDS）的聚类分组情况；B.聚类分析的聚类树。

H: 黄河；B: 白河；E: 黑河；T: 洮河；U: 湟水；F: 汾河；W: 渭河；L: 洛河；Q: 沁河。

　　在确定聚类情况后，采用指示物种法确定每个聚类类群的指示物种(Dufrene & Legendre, 1997)。指示物种法结合了物种的相对丰度以及它们在采样位点出现的频度来共同估算。物种的指示值通过使用10 000次排列的蒙地卡罗模拟测试进行测算。使用指示物种法寻求的组1、组2和组3的指示物种显示在表4-3中。组1仅有1个指示物种，为极小曲丝藻（*Achnanthidium minutissimum*），这个物种在浮游植物功能群系统(Reynolds et al., 2002)中将其归入T_B类群。平凡舟形藻（*Navicula trivialis*）是组2的指示物种，这两个物种在浮游植物功能群系统中将其归入MP类群。另外，组3中的2个指示物种，分别是梅尼小环藻（*Cyclotella meneghiniana*）和眼斑小环藻（*Cyclotella ocellata*），他们在浮游植物功能群系统中将其归入C类群。

表4-3 黄河流域不同聚类类群中底栖硅藻的指示物种

指示物种	聚类类群	Indval值	p 值	频度	生境特征	功能类群	生境模板
极小曲丝藻 *Achnanthidium minutissimum*	组1	0.49	7.00×10^{-4}	15	高海拔、贫营养水体	T_B	高激流水体
平凡舟形藻 *Navicula trivialis*	组2	0.54	9.00×10^{-4}	30	混浊水体	MP	常受到扰动的混浊水体
雷士舟形藻 *Navicula leistikowii*	组2	0.51	9.00×10^{-4}	18	混浊水体	MP	常受到扰动的混浊水体
梅尼小环藻 *Cyclotella meneghiniana*	组3	0.74	1.00×10^{-4}	20	富营养水体	C	混合的，或是富营养化的小型或中型水体
眼斑小环藻 *Cyclotella ocellata*	组3	0.72	1.00×10^{-4}	16	富营养水体	C	混合的，或是富营养化的小型或中型水体

注: Indval 值是指物种的指示值。藻类功能类群是依据浮游植物功能群系统进行划分的(Reynolds et al., 2002; Padisák et al., 2009).

　　找到指示物种后，采用层次分割分析（HPA）来寻求这些硅藻指示物种的环境解释变量。HPA分析将共线性分析、环境变量和层次划分联系起来，成功解决了很多解释变量在层次划分中的贡献率(Lai et al., 2022)。因此我们使用了HPA来揭示各聚类组中环境变量对指示物种的解释率。累积解释率高于60%的环境变量被看做这些硅藻指示物种的生境模板。对具有多重共线性的解释变量进行整理后，剩余10个环境变量，分别是水温、总磷、总氮、COD，氨氮、浊度、海拔、纬度、pH和电导率，我们使用这10个环境因子来执行HPA分析。HPA结果显示，对于聚类组1来说，高海拔和氨氮浓度的解释率约为60%，表明高海拔的贫营养水体是聚类组1的生境模板（图4-3A）。混浊水体和富营养化水体分别是组2和组3的生境模板（图4-3B、图4-3C）。

　　总之，我们通过分析影响底栖硅藻相对丰度的环境要素，发现总氮、浊度、电导率和pH是最关键的人类活动因素；而水温和纬度是影响硅藻群落组成最重要的区域条件。聚类分析将黄河流域的底栖硅藻群落划分为3组，其中组1主要为黑河、湟水和黄河干流上游河段；组2主要为黄河干流河段；组3主要为汾河和渭河河段。聚类分析的3组具有

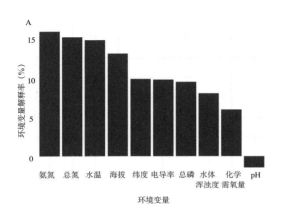

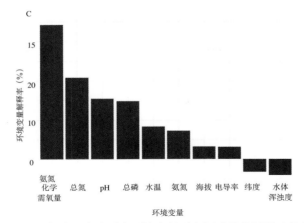

图4-3　每个聚类类群中环境变量对底栖硅藻的解释贡献率
A: 聚类组1; B: 聚类组2; C: 聚类组3。

截然不同的指示物种，1组的指示物种为极小曲丝藻，2组的指示物种为平凡舟形藻和雷士舟形藻，3组的指示物种为梅尼小环藻和眼斑小环藻。同时，我们将浮游植物功能群系统的环境模板置入底栖硅藻指示物种中，可成功用于解释黄河流域的生境特点，包括海拔、浊度以及富营养化程度等的问题。

4.3　流域底栖硅藻的生态分布

黄河流域底栖硅藻共鉴定12科52属157种（含16个变种1个变型）。从种类数来说，菱形藻（*Nitzschia*）种类最多，有16种，占比10.19％；其次为曲丝藻属（*Achnanthidium*），有11种，占比7.01％；桥弯藻属（*Cymbella*）共10种，占比6.37％；其余属占比均较低（图4-4）。

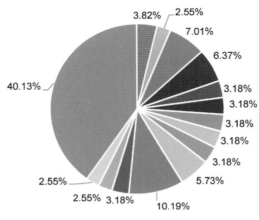

图4-4　黄河流域底栖硅藻优势属占比

从全流域来看，颗粒沟链藻（*Aulacoseira granulata*）、梅尼小环藻（*Cyclotella meneghiniana*）、极小曲丝藻（*Achnanthidium minutissimum*）、谷皮菱形藻（*Nitzschia palea*）、平凡舟形藻（*Navicula trivialis*）、雷士舟形藻（*Navicula leistikowii*）、钝脆杆藻（*Fragilaria capucina*）、邻近异极藻（*Gomphonema affine*）、尖肘形藻（*Ulnaria acus*）、普通等片藻（*Diatoma vulgaris*）为流域内主要优势种（优势度 ≥ 0.02）。

黄河源头（从扎陵湖到玛曲）的优势种为极小曲丝藻（*Achnanthidium minutissimum*）、谷皮菱形藻（*Nitzschia palea*）、近缘桥弯藻（*Cymbella affinis*）、膨胀桥弯藻（*Cymbella tumida*）、热带桥弯藻（*Cymbella tropica*）、小型异极藻（*Gomphonema parvulum*）、邻近异极藻（*Gomphonema affine*）、半裸鞍型藻（*Sellaphora seminulum*）、瞳孔鞍型藻（*Sellaphora pupula*）、钝脆杆藻（*Fragilaria capucina*）、高山菱形藻（*Nitzschia alpina*）、平凡舟形藻（*Navicula trivialis*）、系带舟形藻（*Navicula cincta*）、尖肘形藻（*Ulnaria acus*）、念珠状等片藻（*Diatoma moniliformis*）、普通等片藻（*Diatoma vulgaris*）。

黄河上游（从李家峡到碛口）的优势种为极小曲丝藻（*Achnanthidium minutissimum*）、谷皮菱形藻（*Nitzschia palea*）、高山菱形藻（*Nitzschia alpina*）、瞳孔鞍型藻（*Sellaphora pupula*）、平凡舟形藻（*Navicula trivialis*）、系带舟形藻（*Navicula cincta*）、尖肘形藻（*Ulnaria acus*）、钝脆杆藻（*Fragilaria capucina*）、普通等片藻（*Diatoma vulgaris*）。

黄河中游（从风陵渡大桥到小浪底水库）的优势种为梅尼小环藻（*Cyclotella meneghiniana*）、颗粒沟链藻（*Aulacoseira granulata*）、扁圆卵形藻（*Cocconeis placentula*）、极小曲丝藻（*Achnanthidium minutissimum*）、富营养曲丝藻（*Achnanthidium eutrophilum*）、谷皮菱形藻（*Nitzschia palea*）、高山菱形藻（*Nitzschia alpina*）、邻近异极藻（*Gomphonema affine*）、平凡舟形藻（*Navicula trivialis*）、钝脆杆藻（*Fragilaria capucina*）、尖肘形藻（*Ulnaria acus*）、普通等片藻（*Diatoma vulgaris*）。

黄河下游（从花园口到丁字路口）的优势种为颗粒沟链藻（*Aulacoseira granulata*）、谷皮菱形藻（*Nitzschia palea*）、高山菱形藻（*Nitzschia alpina*）、短弯楔藻（*Rhoicosphenia abbreviata*）、缢缩异极藻头端变种（*Gomphonema constrictum* var. *capitatum*）、窄弯肋藻（*Cymbopleura angustata*）、平凡舟形藻（*Navicula trivialis*）、钝脆杆藻（*Fragilaria capucina*）、尖肘形藻（*Ulnaria acus*）。

5.1 国标中的评价方法

伴随对底栖硅藻在河流健康指示作用中的深入认识，各类综合指数评价途径备受青睐(Fu et al., 2021)。硅藻综合指数法就是基于指示物种的概念，根据藻类的生态习性和耐污能力建立的一种综合指数法。在此基础上，欧洲国家率先建立了一系列用于监测不同环境问题的底栖硅藻指数，包括Descy指数、污染响应指数（IPS）、水生环境腐蚀度指数（SLAD）、硅藻属指数（GDI）、硅藻生物指数（IBD）、经济群落代用指数（CEE）、有机污染硅藻指数（WAT）和硅藻营养指数（TDI）等，这些方法已经广泛应用于世界各地河流生态及水质评价(谭香和张全发, 2018)。例如，法国广泛采用的是硅藻生物指数和经济群落代用指数，英国常用的是硅藻营养指数。尽管这些评价指数对水体环境问题的侧重不同，但人们往往更倾向于选择综合性强的指数来评价大水面水体，因为这样得到的评价结果才更具有可比性和指征性。

2023年我国生态环境部发布的《水生态监测技术指南　河流水生生物监测与评价（试行）》（HJ 1295—2023）引起了社会各界的广泛关注，其中的硅藻指数法使用的是综合硅藻指数（CDI）。综合硅藻指数源自硅藻营养指数（TDI），TDI指数最早由Kelly和Whitton (1995)开发，用于评价河流的水体营养状态，在评价欧洲河流水体的富营养化方面具有强大的功能(Pignata et al., 2013)。该指数关联了水体包括总氮、总磷和化学需氧量的综合营养状态，选取硅藻群落中所有物种共同评价水体的富营养级别。综合硅藻指数按照式（5-1）（5-2）进行计算：

$$WMS = \frac{\sum a_k s_k v_k}{\sum a_k v_k} \tag{5-1}$$

$$CDI = (WMS \times 25) - 25 \tag{5-2}$$

式中：CDI——综合硅藻指数；

WMS——硅藻基于环境因子的加权平均值（1～5）；

a_k——硅藻物种k的相对丰度；

s_k——硅藻物种k对环境的敏感值（1～4），建议值见表5-1；

v_k——硅藻物种k对环境的指示值（1～5），建议值见表5-1。

评价标准为：$CDI \leq 30$ 为优秀；$30 < CDI \leq 50$ 为良好；$50 < CDI \leq 65$ 为中等；

65＜*CDI*≤80 为较差；*CDI*>80 为很差。

在《水生态监测技术指南　河流水生生物监测与评价（试行）》（HJ 1295—2023）中，列出了常见底栖硅藻的指示值和敏感值（表5-1）。我们很容易通过查表获得这些参照值，并最终计算出采样位点的CDI指数。

表5-1　《水生态监测技术指南　河流水生生物监测与评价（试行）》（HJ 1295—2023）
底栖硅藻的指示值和敏感值列表

种名	种的代码	指示值	敏感值
链状曲丝藻 *Achnanthidium catenatum*(Bily & Marvan) Lange-Bertalot	ADCT	1.00	1.00
杜氏曲丝藻 *Achnanthidium duthii* (Sreen.) Edlund	ADDU	3.33	2.67
短小曲丝藻 *Achnanthidium exiguum* (Grunow) Czarneck	ADEG	3.33	2.00
杜拉尔曲丝藻 *Achnanthidium druartii* Rimet & Couté	ADRU	1.00	1.00
亚哈德逊曲丝藻 *Achnanthidium subhudsonis*(Hustedt) Kobayasi	ADSK	1.67	1.33
恩内迪曲丝藻 *Achnanthidium ennediense* (Compere) Compere & Van De Vijver	AENN	1.67	1.67
富营养曲丝藻 *Achnanthidium eutrophilum* (Lange-Bertalot) Lange-Bertalot	ADEU	1.00	1.33
瘦曲丝藻 *Achnanthidium exile* (Kützing) Heiberg	ADEX	1.33	1.33
极小曲丝藻 *Achnanthidium minutissimum* (Kützing) Czarnecki	ADMI	2.33	1.67
庇里牛斯曲丝藻 *Achnanthidium pyrenaicum* (Hust.) Kobayas	ADPY	1.33	1.33
溪生曲丝藻 *Achnanthidium rivulare* Potapova & Ponader	ADRI	2.67	2.67
近原子曲丝藻 *Achnanthidium subatomus* (Hustedt) Lange-Bertalot	ADSU	1.33	1.33
蒙诺玛细小藻 *Adlafia multnomahii* Morales & Le	AMUL	4.00	2.00
诺氏辐环藻 *Actinocyclus normanii* (Greg.) Hustedt	ANMN	5.00	4.00
模糊沟链藻 *Aulacoseira ambigua* Meister	AUAJ	2.33	1.33
颗粒沟链藻极狭变种*Aulacoseira granulata* var. *angustissima* (Müll.) Simonsen	AUGA	3.00	2.67
矮小沟链藻 *Aulacoseira pusilla* (Mesister) Tuji & Houki	AUPU	3.33	2.67
颗粒沟链藻 *Aulacoseira granulata* (Ehrenb.) *Simonsen*	AUGR	4.33	2.67
奇异杆状藻 *Bacillaria paradoxa*(Müller) Hendey	BPAR	3.00	1.67
杆状美壁藻 *Caloneis bacillum*(Grunow) Cleve	CBAC	2.00	1.33
镰形美壁藻 *Caloneis falcifera* Lange-Bertalot, Genkal & Vekhov	CFAF	2.67	1.33
柄卵形藻 *Cocconeis pediculus* Ehrenberg	CPED	3.33	1.67
扁圆卵形藻 *Cocconeis placentula* (Ehrenberg) Grunow	CPLA	4.00	2.00
适中格形藻 *Craticula accomoda*(Hustedt) Mann	CRAC	3.00	2.00
梅尼小环藻 *Cyclotella meneghiniana* Kützing	CMEN	3.67	3.33
近缘桥弯藻 *Cymbella affinis* Kützing	CAFF	1.67	1.67
溧阳桥弯藻 *Cymbella liyangensis* Zhang, Jüttner & Cox	CLIY	2.00	1.33
新细角桥弯藻 *Cymbella neoleptoceros* Krammer	CNLP	2.33	1.33
近细角桥弯藻 *Cymbella subleptoceros* Krammer	CSLP	2.33	1.67
热带桥弯藻 *Cymbella tropica* Krammer	CTRO	2.67	1.33
膨胀桥弯藻 *Cymbella tumida* (Brebisson) Van Heurck	CTUM	2.33	2.00
膨大桥弯藻 *Cymbella turgidula* Grunow	CTGL	3.67	2.33
优美藻 *Delicata delicatula* (Kützing) Krammer	DDEL	2.00	1.00
丝状全链藻 *Diadesmis confervacea* Kützing	DCOF	1.67	1.00
假具星碟星藻 *Discostella pseudostelligera* (Hustedt) Houk & Klee	DPST	3.67	2.00

（续）

种名	种的代码	指示值	敏感值
具星碟星藻 *Discostella stelligera* (Cleve & Grunow) Houk & Klee	DSTE	2.00	1.67
长贝尔塔内丝藻 *Encyonema lange-bertalotii* Krammer	ENLB	3.33	1.67
微小内丝藻 *Encyonema minutum* (Hilse) Mann	ENMI	2.33	1.67
西里西亚内丝藻 *Encyonema silesiacum* (Bleisch) Mann	ELSE	3.00	2.33
膨胀内丝藻 *Encyonema ventricosum* (Agardh) Grunow	ENVE	3.00	1.67
普通内丝藻 *Encyonema vulgare* Krammer	EVUL	2.00	1.00
小头拟新月藻 *Encyonopsis microcephala* (Grunow) Krammer	ENCM	1.33	1.00
微小塘生藻 *Eolimna minima* (Gruow) Lange-Bertalot	EOMI	3.67	3.00
小塘生藻 *Eolimna subminuscula* (Manguin) Gerd Moser	ESBM	4.00	3.00
克罗顿脆杆藻 *Fragilaria crotonensis* Kitton	FCRO	2.00	1.00
克罗顿脆杆藻俄勒冈变种 *Fragilaria crotonensis*var. *oregona*Sovereign	FCOR	3.33	2.00
内华达脆杆藻 *Fragilaria nevadensis* Linare	FNEV	4.00	2.67
帕拉姆脆杆藻 *Fragilaria pararumpens* Lange-Bertalot, Hofm & Werum	FPRU	3.00	2.67
柔嫩脆杆藻 *Fragilaria tenera* (Smith) Lange-Bertalot	FTEN	2.33	1.33
沃切里脆杆藻 *Fragilaria vaucheriae* (Kützing) Petersen	FVAU	5.00	4.00
十字形盖斯勒藻 *Geissleria decussis*(Østrup) Lange-Bertalot & Metzeltin	GDEC	2.00	1.33
嗜酸异极藻 *Gomphonema acidoclinatum* Lange-Bertalot & Reichardt	GADC	2.33	1.00
美洲异极藻 *Gomphonema americobtusatum*Reichardt	GAMC	2.00	1.33
顶尖异极藻 *Gomphonema augur* Ehrenberg	GAUG	2.33	1.67
极细异极藻 *Gomphonema exilissimum* (Grunow) Lange-Bertalot	GEXL	2.00	1.00
纤细异极藻 *Gomphonema gracile* Ehrenberg	GGRA	4.00	2.67
赫布里底群岛异极藻 *Gomphonema hebridense* Gregory	GHEB	3.33	2.33
岛屿异极藻 *Gomphonema insularum* Kociolek, Woodward & Graeff	GILR	1.33	1.33
缠结异极藻 *Gomphonema intricatum* Kützing	GINT	2.00	1.67
具领异极藻 *Gomphonema lagenula* Kützing	GLGN	3.67	2.67
微小异极藻 *Gomphonema minutum* (Agardh) Agardh	GMIN	2.33	1.67
小型异极藻 *Gomphonema parvulum* (Kützing) Kutzing	GPAR	5.00	3.67
拟球状异极藻 *Gomphonema pseudosphaerophorum* Kobayasi	GPHO	2.33	1.33
塔形异极藻 *Gomphonema turris* Ehrenberg	GPTN	2.33	1.00
圆锥异极藻 *Gomphonema turgidum* Ehrenberg	GTRG	1.33	1.67
琵琶湖楔异极藻 *Gomphosphenia biwaensis* Taisuke Ohtsuka	GOPP	3.00	2.00
刀形布纹藻 *Gyrosigma scalproides*(Rabenhorst) Cleve	GSCA	3.67	2.00
尖布纹藻 *Gyrosigma acuminatum* (Kützing) Rabenhorst	GYAC	3.33	1.67
头端蹄形藻 *Hippodonta capitata* (Ehrenberg) Lange-Bertalot, Metzeltin & Witkowski	HCIB	3.33	2.33
山地海双眉藻 *Halamphora montana* (Krasske) Levkov	HLMO	2.67	1.67
孔塘喜湿藻 *Humidophila contenta* (Grunow) Lowe, Kociolek	HUCO	2.67	1.67
桥佩蒂泥栖藻 *Luticola goeppertiana* (Bleisch) Mann	LGOP	2.00	1.00
近菱形泥栖藻 *Luticola pitranensis* Levkov Metzeltin & Pavlov	LPIT	1.67	1.33
变异直链藻 *Melosira varians* Agardh	MVAR	3.67	3.67
加泰罗尼亚舟形藻 *Navicula catalanogermanica* Lange-Bertalot & Hofmann	NCAT	4.33	2.67
管舟形藻 *Navicula canalis*Patrick	NCNL	3.67	2.00
辐头舟形藻 *Navicula capitatoradiata* Germain & Gasse	NCPR	1.67	1.33

（续）

种名	种的代码	指示值	敏感值
隐柔弱舟形藻 *Navicula cryptotenella* Lange-Bertalot	NCTE	3.00	1.67
艾瑞菲格舟形藻 *Navicula erifuga* Lange-Bertalot	NERI	3.67	3.33
隆德舟形藻 *Navicula lundii* Reichardt	NLUN	2.33	2.67
合缝舟形藻 *Navicula notha* Wallace	NNOT	1.33	1.33
放射舟形藻 *Navicula radiosa* Kützing	NRAD	1.33	1.67
短喙舟形藻 *Navicula rostellata* Schmidt	NROS	3.67	1.33
对称舟形藻 *Navicula symmetrica* Patrick	NSIA	3.67	1.67
针形菱形藻 *Nitzschia acicularis* (Kützing) Smith	NACI	4.00	2.33
两栖菱形藻 *Nitzschia amphibia* Grunow	NAMP	2.67	2.33
华丽菱形藻 *Nitzschia elegantula* Grunow	NELE	2.33	1.67
丝状菱形藻 *Nitzschia filiformis* (Smith) Van Heurck	NFIL	5.00	3.00
平庸菱形藻 *Nitzschia inconspicua* Grunow	NINC	2.67	1.33
中型菱形藻 *Nitzschia intermedia* Hantzsch & Grunow	NINT	3.00	2.33
利贝鲁斯菱形藻 *Nitzschia liebetruthii* Rabenhorst	NILM	4.00	2.33
洛伦菱形藻 *Nitzschia lorenziana* Grunow	NLOR	3.67	2.33
谷皮菱形藻 *Nitzschia palea* (Kützing) Smith	NPAL	5.00	4.00
细微菱形藻 *Nitzschia perminuta* (Grunow) Peragallo	NIPM	2.67	2.00
辐射菱形藻 *Nitzschia radicula* Hustedt	NZRA	2.00	1.33
整齐菱形藻 *Nitzschia regula* Hustedt	NIRE	3.67	2.67
索拉塔菱形藻 *Nitzschia soratensis* Morales & Vis	NSTS	4.67	2.67
弯曲菱形藻 *Nitzschia sinuata* (Thwaites) Grunow	NSIT	1.33	1.33
近针形菱形藻 *Nitzschia subacicularis* Hustedt	NISS	3.33	2.00
近粘连菱形藻 *Nitzschia subcohaerens* Grunow	NZSH	2.33	1.33
沿岸菱形藻 *Nitzschia supralitorea* Lange-Bertalot	NZSU	3.67	2.00
模糊羽纹藻 *Pinnularia obscura* Krasske	POBS	2.00	1.33
普生平面藻 *Planothidium frequentissimum* (Lange-Bertalot) Lange-Bertalot	PFQS	2.33	1.33
披针形平面藻 *Planothidium lanceolatum* (Brebisson & Kützing) Lange-Bertalot	PTLC	1.67	1.33
波状瑞氏藻 *Reimeria sinuate* (Gregory) Kociolek & Stoermer	RSIN	2.00	1.33
显纹半舟藻 *Seminavis strigosa* (Hustedt) Danieledis & Economou-Amilli	SMST	4.00	3.67
尼格里鞍形藻 *Sellaphora nigri* (De Notaris) Wetzel & Ector	SNIG	2.67	2.00
亚头状鞍形藻 *Sellaphora perobesa* Metzeltin, Lange-Bertalot & Nergui	SPEO	3.33	2.00
极小冠盘藻 *Stephanodiscus minutulus* (Kützing) Round	STMI	2.67	1.67
细小冠盘藻 *Stephanodiscus parvus* Stoermer & Håk.	SPAV	4.00	3.00
簇生平片藻 *Tabularia fasciculata* (Agardh) Williams & Round	TFAS	3.67	2.67
尖针肘形藻 *Ulnaria acus* (Kützing) Aboal	UACU	2.00	1.33
肘状肘形藻 *Ulnaria ulna* (Nitzsch) Compere	UULN	2.67	2.33
肘状肘形藻丹麦变种 *Ulnaria ulna* var. *danica* (Kützing) Liu	UUDA	3.00	2.00

5.2 修正的黄河流域底栖硅藻评价方法

硅藻营养指数（TDI）最早由 Kelly 和 Whitton (1995) 开发，用于评价河流的水体营养状态，在评价欧洲河流水体的富营养化方面具有强大的功能 (Pignata et al., 2013)。虽然研究者们认为 TDI 硅藻指数是评价河流健康状态的有力指标，但一些研究者们注意到，指示物种的指示值和敏感值可能并不适用于所有地域 (Rott et al., 2003; Tan et al., 2013; Gomá et al., 2005)。例如，谭香等人 (2013) 利用包括硅藻营养指数在内的 14 种硅藻综合指数对我国汉江上游的水质进行了评价，结果表明硅藻营养指数在雨季时与水体营养状态之间的关系较弱。为了避免在使用该指数时出现区域差异，一些国家和地区制定了评估所在国家的生态系统生态状况的准则。2023 年，我国生态环境部发布了《水生态监测技术指南 河流水生生物监测与评价（试行）》（HJ 1295—2023）。该指南中有关硅藻指数的评价方法已在上一节中进行了详细描述。需要指出的是，指南中提及的综合硅藻指数（CDI）正是由硅藻营养指数（TDI）演化而来，综合硅藻指数充分考虑了我国的地域情况，吸纳了广泛的综合数据集，对指数的指示值和敏感值进行了修正，更适合我国国情。

尽管综合硅藻指数全面综合地考虑了硅藻的相对丰度、敏感值和指示值，还包容了一些稀有种（特别是那些时而成为优势种时而成为偶见种的种类）在评价过程中的相对贡献，但这样的综合指数往往针对建立评价框架时选择的水体营养指标，对于一些剧烈人类活动导致框架体系外环境参数的改变进行的指征可能产生偏差。黄河流域涵盖了多样的景观，包括湿地、草地和高原等类型的生态系统，是我国脆弱生态系统的典型代表，受到一系列人类活动的扰动 (Wang et al., 2016)。黄河流域复杂的人类活动扰动可能影响整个生态系统的响应，从而使底栖硅藻指示值和敏感值产生偏差（与国标相比）。因此，本书试图构建适合黄河流域的综合硅藻指数。

除了黄河干流，我们还关注了黄河的 8 条主要汇入支流情况，含白河、黑河、洮河、湟水、汾河、渭河、洛河和沁河（表4-1）。在第四章第二节我们已经对该区域的环境特征水体营养状况进行了描述（表4-2）。只有相对丰度 >1% 且频度 >5 的硅藻才能入选综合硅藻指数，计算其环境最适值和耐受值，经筛选，这样的底栖硅藻在黄河流域有 34 种（表5-3）。根据《水生态监测技术指南 河流水生生物监测与评价（试行）》（HJ 1295—2023），我们也选择了水体总氮（TN）、总磷（TP）和化学需氧量（COD）三个指标来计算黄河流域综合硅藻指数，并评价其水体营养状态。

为了估算硅藻种类的环境最适值和耐受值，我们使用加权平均法（WA）进行计算 (Juggins, 2020)。硅藻物种的环境最适值是存在该物种的地点变量值的平均值，并由样本中该物种的相对丰度加权得来。硅藻物种的环境最适值由式（5-3）计算，耐受值为加权的标准差，由式（5-4）计算：

$$\hat{u}_{vk} = \frac{\sum_{i=1}^{n} y_{ik} x_{vi}}{\sum_{i=1}^{n} y_{ik}} \tag{5-3}$$

$$\hat{\sigma}_k = \sqrt{\frac{\sum [y_{ik}(x_{vi} - \hat{u}_{vk})]^2}{n-1}} \tag{5-4}$$

式中，$\hat{u}_{vk}$是物种k最适的特定环境变量；δ_k是物种k的环境耐受度；y_{ik}是物种k在采样位点i的相对丰度；x_{vi}是采样位点i的特定环境变量的值；n是样本数。

在国标综合硅藻指数中，硅藻指示值（v）和敏感值（s）均是依据指南提供的值进行确定的（表5-1）。在构建的黄河流域综合硅藻指数中，我们依据黄河流域的实测数据对水体中总氮（TN）、总磷（TP）和化学需氧量（COD）三个指标的指示值（v）进行了小幅修正，分为5个等级。同时，也对这三个指标的敏感值（s）进行了修正，分为4个等级（表5-2）。

表5-2　根据黄河流域的实测数据，对总氮（TN）、总磷（TP）和化学需氧量（COD）三个指标的指示值（v）和敏感值（s）进行分级

单位：mg/L

指标变量		1级	2级	3级	4级	5级
指示值（v）	TP	0 ~ 0.04	0.04 ~ 0.06	0.06 ~ 0.08	0.08 ~ 0.1	0.1 ~ 0.12
	TN	0 ~ 2.0	2.0 ~ 2.5	2.5 ~ 3.0	3.0 ~ 4.0	4.0 ~ 5.0
	COD	0 ~ 2.0	2.0 ~ 2.5	2.5 ~ 3.0	3.0 ~ 4.0	4.0 ~ 5.0
敏感值（s）	TP	0 ~ 0.04	0.04 ~ 0.07	0.07 ~ 0.10	0.10 ~ 0.13	
	TN	0 ~ 1.0	1 ~ 1.5	1.5 ~ 3.0	3.0 ~ 5.0	
	COD	0 ~ 1.0	1.0 ~ 1.5	1.5 ~ 2.0	2.0 ~ 4.0	

采用加权平均法计算了34种底栖硅藻对于水体总磷、总氮和COD的环境最适值和耐受值，同时根据表5-2的分类标准对各硅藻种类的指示值（v）和敏感值（s）进行取值，结果详见表5-3。其中，综合指示值（v）和敏感值（s）是三个指标v和s的平均值。我们通过查表5-3可以获得黄河流域底栖硅藻的综合指示值和敏感值，并最终根据式（5-1）和式（5-2）计算出黄河流域的综合硅藻指数。

表5-3　底栖硅藻对于水体总磷、总氮和化学需氧量的环境最适值和耐受值列表

单位：mg/L

硅藻物种	总磷（TP）				总氮（TN）				化学需氧量（COD）				综合值	
	最适值	耐受值	v	s	最适值	耐受值	v	s	最适值	耐受值	v	s	v	s
梅尼小环藻 *Cyclotella meneghiniana*	0.093	0.076	4	3	3.195	1.534	4	3	4.016	1.702	5	3	4.3	3.0
眼斑小环藻 *Cycotella ocellata*	0.080	0.080	3	3	4.214	2.246	5	3	3.380	1.904	4	3	4.0	3.0
颗粒沟链藻 *Aulacoseira granulata*	0.077	0.081	3	3	3.358	1.109	4	2	3.250	1.332	4	2	3.7	2.3
扁圆卵形藻 *Cocconeis placentula*	0.053	0.060	2	2	3.528	1.885	4	3	2.366	1.022	2	2	2.7	2.3
扁圆卵形藻线条变种 *Cocconeis placentula* var. *lineata*	0.047	0.010	2	1	3.317	1.389	4	2	2.244	0.500	2	1	2.7	1.3

（续）

硅藻物种	总磷（TP）				总氮（TN）				化学需氧量（COD）				综合值	
	最适值	耐受值	v	s	最适值	耐受值	v	s	最适值	耐受值	v	s	v	s
高尔夫曲丝藻 Achnanthidium caledonicum	0.045	0.059	2	2	2.593	1.621	3	3	2.408	1.006	2	2	2.3	2.3
极小曲丝藻 Achnanthidium minutissimum	0.054	0.037	2	1	2.653	0.730	3	1	2.325	0.968	2	1	2.3	1.0
谷皮菱形藻 Nitzschia palea	0.057	0.048	2	2	3.438	2.150	4	3	2.930	1.544	3	3	3.0	2.7
常见菱形藻 Nitzschia solita	0.035	0.016	1	1	2.654	0.841	3	1	2.132	1.290	2	2	2.0	1.3
中型菱形藻 Nitzschia intermedia	0.055	0.101	2	4	2.801	2.829	3	3	2.740	1.708	3	3	2.7	3.3
微小双菱藻 Surirella minuta	0.067	0.042	3	2	3.535	0.509	4	1	2.520	0.675	3	1	3.3	1.3
簇生内丝藻 Encyonema cespitosum	0.022	0.013	1	1	1.576	1.059	1	2	2.374	2.043	2	4	1.3	2.3
膨胀桥弯藻 Cymbella tumida	0.032	0.035	1	1	1.908	1.102	1	2	2.556	1.855	3	3	1.7	2.0
短弯楔藻 Rhoicosphenia abbreviata	0.059	0.073	2	3	3.431	1.197	4	2	2.458	1.410	2	2	2.7	2.3
微小异极藻 Gomphonema minutum	0.057	0.041	2	2	2.482	0.882	2	1	3.560	0.934	4	1	2.7	1.3
小型异极藻 Gomphonema parvulum	0.042	0.035	2	1	2.790	1.223	3	2	2.220	1.541	2	3	2.3	2.0
瞳孔鞍型藻 Sellaphora pupula	0.029	0.034	1	1	1.751	1.282	1	2	1.674	1.085	1	2	1.0	1.7
半裸鞍型藻 Sellaphora seminulum	0.104	0.082	5	3	4.787	2.394	5	3	3.735	1.190	4	2	4.7	2.7
双头弯肋藻 Cymbopleura amphicephala	0.091	0.123	4	4	3.653	3.568	4	4	3.144	2.148	4	4	4.0	4.0
舟形弯肋藻 Cymbopleura naviculiformis	0.106	0.081	5	3	4.767	3.384	5	4	4.164	0.754	5	1	5.0	2.7
系带舟形藻 Navicula cincta	0.062	0.024	3	1	4.472	2.053	5	3	3.482	1.332	4	2	4.0	2.0
对称舟形藻 Navicula symmetrica	0.058	0.033	2	1	2.895	1.567	3	3	2.960	1.453	3	2	2.7	2.0
平凡舟形藻 Navicula trivialis	0.055	0.062	2	2	2.757	1.927	3	3	2.717	1.439	3	2	2.7	2.3
隐头舟形藻 Navicula cryptocephala	0.057	0.043	2	2	2.194	1.472	2	2	2.399	0.862	2	1	2.0	1.7
雷士舟形藻 Navicula leistikowii	0.038	0.014	1	1	2.994	0.920	3	1	2.438	1.127	2	2	2.0	1.3
沃切里脆杆藻小头变种 Fragilaria vaucheriae var. capitellata	0.026	0.018	1	1	2.455	1.260	2	2	2.500	1.537	2	3	1.7	2.0
克罗顿脆杆藻 Fragilaria crotonensis	0.046	0.024	2	1	2.948	0.870	3	1	2.059	0.526	2	1	2.3	1.0
尖肘形藻 Ulnaria acus	0.032	0.013	1	1	1.902	1.095	1	2	3.180	2.122	4	4	2.0	2.3

（续）

硅藻物种	总磷（TP）				总氮（TN）				化学需氧量（COD）				综合值	
	最适值	耐受值	v	s	最适值	耐受值	v	s	最适值	耐受值	v	s	v	s
微细针杆藻 *Synedra minuscula*	0.031	0.019	1	1	2.509	1.530	3	3	3.252	2.062	4	4	2.7	2.7
钝脆杆藻 *Fragilaria capucina*	0.034	0.049	1	2	2.331	0.471	2	1	1.717	0.557	1	1	1.3	1.3
美小栉链藻 *Ctenophora pulchella*	0.071	0.101	3	4	3.232	1.364	4	3	2.884	1.533	3	3	3.3	3.0
念珠状等片藻 *Diatoma moniliformis*	0.028	0.040	1	2	2.071	1.474	2	2	2.767	1.666	3	3	2.0	2.3
普通等片藻 *Diatoma vulgaris*	0.050	0.075	2	3	2.884	1.847	3	3	2.540	1.426	3	2	2.7	2.7
簇生平格藻 *Tabularia fasciculata*	0.069	0.075	3	3	3.526	1.823	4	3	3.230	1.354	4	2	3.7	2.7

注：v 是硅藻物种的指示值，s 是硅藻物种的敏感值。

5.3 评价结果

2020—2022年，我们开展了黄河流域底栖硅藻生物多样性调查与水体生态健康评价工作，连续3年丰水季节在黄河流域99个采样位点开展大规模采集工作，发现底栖硅藻是固着藻类的优势类群（表5-4）。考虑2020年和2022年丰水期采样均受到洪水影响，我们仅深入分析了2021年黄河流域的调查数据。

表5-4　黄河流域底栖硅藻在固着藻类中的丰度占比

序号	位点	硅藻门占比（%）	蓝藻门占比（%）	绿藻门占比（%）	其他门类占比（%）
1	大水	100.00	—	—	—
2	鄂陵湖1	100.00	—	—	—
3	鄂陵湖4	100.00	—	—	—
4	红原	100.00	—	—	—
5	玛多黄河沿	100.00	—	—	—
6	玛曲	100.00	—	—	—
7	门堂	100.00	—	—	—
8	切拉塘	100.00	—	—	—
9	若尔盖	69.23	30.77	—	—
10	唐克	100.00	—	—	—
11	唐乃亥	95.65	4.35	—	—
12	扎陵湖2	100.00	—	—	—
13	扎陵湖3	100.00	—	—	—
14	板洞东	41.79	40.30	17.91	—
15	边墙村	100.00	—	—	—

（续）

序号	位点	硅藻门占比（%）	蓝藻门占比（%）	绿藻门占比（%）	其他门类占比（%）
16	陈旗村	92.31	—	7.69	—
17	大北口	100.00	—	—	—
18	大河家	100.00	—	—	—
19	磴口	81.25	—	—	18.75
20	东大滩	41.67	41.67	16.67	—
21	红圪卜	90.00	—	—	10.00
22	红旗	100.00	—	—	—
23	湟水桥	100.00	—	—	—
24	金滩	100.00	—	—	—
25	李家峡	90.91	9.09	—	—
26	龙羊峡库区出水口	60.00	40.00	—	—
27	龙羊峡水库湖心	100.00	—	—	—
28	龙羊峡水库入水口	89.47	10.53	—	—
29	碌曲	100.00	—	—	—
30	麻黄沟	55.56	22.22	22.22	—
31	赛尔龙	80.00	20.00	—	—
32	三盛公	83.33	—	—	16.67
33	上海石村	94.74	5.26	—	—
34	什川桥	95.00	5.00	—	—
35	洮园桥	75.00	25.00	—	—
36	头道拐	100.00	—	—	—
37	乌梁素海湖心	22.22	66.67	—	11.11
38	乌毛计	87.50	—	12.50	—
39	五佛寺	71.43	28.57	—	—
40	西大滩	100.00	—	—	—
41	西羊场	30.49	46.34	23.17	—
42	西寨大桥	92.59	—	7.41	—
43	峡塘	86.96	13.04	—	—
44	先明峡桥	66.67	33.33	—	—
45	小峡桥	75.00	—	8.33	16.67
46	新城桥	70.00	30.00	—	—
47	叶盛公路桥	83.33	16.67	—	—
48	扎马隆	80.95	—	19.05	—
49	白马寺	100.00	—	—	—
50	柏树坪	88.24	—	11.76	—
51	大横岭	100.00	—	—	—
52	汾河水库出口	79.31	—	20.69	—
53	风陵渡大桥	100.00	—	—	—
54	高崖寨	100.00	—	—	—
55	海壕	100.00	—	—	—

（续）

序号	位点	硅藻门占比（%）	蓝藻门占比（%）	绿藻门占比（%）	其他门类占比（%）
56	韩武村	88.89	—	11.11	—
57	河西村	87.50	2.50	5.00	5.00
58	桦林	93.55	—	6.45	—
59	龙门	100.00	—	—	—
60	龙门大桥	69.23	30.77	—	—
61	洛河大桥	100.00	—	—	—
62	洛宁长水	100.00	—	—	—
63	南村	60.87	34.78	4.35	—
64	南山	98.11	1.89	—	—
65	葡萄园	100.00	—	—	—
66	七里铺	60.87	39.13	—	—
67	沙王渡	100.00	—	—	—
68	上平望	70.59	17.65	11.76	—
69	陶湾	100.00	—	—	-
70	潼关吊桥	100.00	—	—	—
71	万家寨水库	100.00	—	—	—
72	王庄桥南	94.12	—	5.88	—
73	渭河宝鸡市出境	93.33	—	6.67	—
74	卧龙寺桥	100.00	—	—	—
75	咸阳铁桥	100.00	—	—	—
76	小浪底水库	88.89	11.11	—	—
77	岳滩	96.88	—	3.13	—
78	艾山	100.00	—	—	—
79	刁口河滨孤路桥	80.00	20.00	—	—
80	丁字路口	40.00	50.00	10.00	—
81	东平湖2#	100.00	—	—	—
82	东平湖3#（湖北）	100.00	—	—	—
83	东平湖4#	81.82	—	18.18	—
84	东平湖5#	100.00	—	—	—
85	东平湖6#（湖南）	100.00	—	—	—
86	东平湖7#	100.00	—	—	—
87	东平湖8#	100.00	—	—	—
88	飞燕滩	40.00	20.00	20.00	20.00
89	花园口	100.00	—	—	—
90	黄河口湿地1	87.50	—	12.50	—
91	黄河口湿地2	95.00	—	2.50	2.50
92	建林浮桥	87.10	12.90	—	—
93	垦利	57.14	—	42.86	—
94	利津水文站	100.00	—	—	—

（续）

序号	位点	硅藻门占比（%）	蓝藻门占比（%）	绿藻门占比（%）	其他门类占比（%）
95	沁阳伏背	100.00	—	—	—
96	拴驴泉	100.00	—	—	—
97	五龙口	55.56	44.44	—	—
98	武陟渠首	97.22	2.78	—	—
99	桩埝路桥	80.00	—	20.00	—

我们使用底栖硅藻的调查数据分别计算了国标CDI和改进CDI（表5-5），结果发现评价结果存在差异，这说明改进CDI的评价结果与国标CDI评价结果有明显差异（图5-1、图5-2）。从图5-2可以看出，改进CDI与水体总磷、总氮、氨氮和化学需氧量等指征水体营养状态的变量均呈显著的正相关关系，这表明该指标能有效反映黄河流域的水体营养状况。然而，国标CDI与指征水体营养状态的变量之间均无相关关系（Pearson相关，$p<0.05$），表明国标CDI中指出的物种指示值和敏感值可能并不能完全适用于黄河流域。黄河流域复杂的人类活动扰动可能影响整个生态系统的响应，从而使底栖硅藻指示值和敏感值产生偏差。

表5-5 黄河流域水体营养状态指标、国标CDI和改进CDI

采样位点	化学需氧量（mg/L）	总磷（mg/L）	总氮（mg/L）	国标CDI	改进CDI
玛多黄河沿	2.6	0.005	0.43	74.77	21.13
切拉塘	3.6	0.1	0.36	69.02	50.47
唐克	4	0.092	1.38	43.01	41.67
若尔盖	2	0.105	2.66	52.44	50.45
玛曲	2.8	0.028	1.57	56.99	48.33
唐乃亥	3.8	0.016	1.73	78.89	47.00
李家峡	1.9	0.005	0.88	30.35	54.57
赛尔龙	1	0.005	0.72	78.07	53.26
西赛大桥	1.1	0.05	1.28	69.66	35.46
陈旗村	1	0.01	1.28	81.64	39.60
洮园桥	1.4	0.035	2.6	69.84	41.67
金滩	4.1	0.032	1.87	66.75	35.61
扎马隆	3.2	0.046	2.74	65.25	51.16
小峡桥	3.9	0.083	3.59	45.81	60.79
边墙村	3.6	0.133	4.75	78.68	29.61
新城桥	1.4	0.033	2.96	37.30	36.11
什川桥	2.3	0.066	1.41	68.47	37.16
五佛寺	2.3	0.088	1.32	100	33.33
叶盛公路桥	1.8	0.049	1.94	80.17	56.97
麻黄沟	2.8	0.062	3.53	66.75	71.88
三盛公	2.2	0.034	2.44	85.49	48.44

（续）

采样位点	化学需氧量（mg/L）	总磷（mg/L）	总氮（mg/L）	国标CDI	改进CDI
碛口	2.3	0.074	2.24	100	50
头道拐	2.6	0.036	1.67	81.25	19.91
万家寨水库	1.4	0.032	2.55	74.67	35.34
柏树坪	2.4	0.021	2.36	68.25	38.27
龙门	2.8	0.052	1.82	62.06	20
河西村	2.6	0.062	2.46	60.00	50.71
汾河水库出口	2	0.005	1.66	42.89	34.64
韩武村	5.4	0.248	8.21	68.37	62.63
王庄桥南	9.5	0.195	7.05	71.68	65.02
上平望	7.6	0.144	5.34	79.75	50
桦林	2.6	0.098	3.77	68.75	51.25
葡萄园	2.7	0.118	6.34	74.78	37.37
卧龙寺桥	2.3	0.033	5.31	88.99	32.28
渭河宝鸡市出境	2.5	0.045	4.39	78.33	39.69
咸阳铁桥	4.1	0.072	5.65	74.73	67.52
沙王渡	5.4	0.25	5.34	66.30	64.37
潼关吊桥	4	0.123	4.54	65.64	65.56
小浪底水库	1.5	0.027	3.29	92.56	46.88
洛河大桥	1.4	0.036	2.09	48.53	40.24
洛宁长水	1.5	0.012	2.77	58.51	37.82
高崖寨	2.1	0.05	2.07	87.03	41.98
白马寺	2.7	0.078	3.79	66.23	52.24
七里铺	4.2	0.089	2.31	65.38	60.44
拴驴泉	2.1	0.025	3.34	63.79	37.49
五龙口	2.2	0.005	2.96	53.11	38.98
沁阳伏背	2	0.02	2.61	80.34	22.22
武陟渠首	2.1	0.058	1.67	54.56	38.34
花园口	3.2	0.043	3.44	66.27	52.89
东平湖4#	4	0.03	1.66	79.76	52.35
艾山	2.4	0.053	3.48	79.73	49.64
利津水文站	1.9	0.025	2.14	95.24	30.26
垦利	1.7	0.05	3.81	83.38	41.67
建林浮桥	1.8	0.03	3.52	83.19	46.59
黄河口湿地2	5.6	0.03	0.54	81.21	39.08
黄河口湿地1	5.5	0.03	0.79	59.22	38.17
丁字路口	2.2	0.04	2.32	67.38	45.45

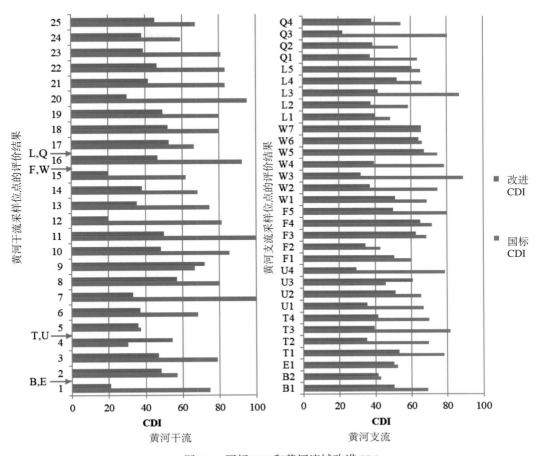

图 5-1　国标 CDI 和黄河流域改进 CDI

B.白河；E.黑河；T.洮河；U.湟水；F.汾河；W.渭河；L.洛河；Q.沁河。→所示黄河支流在干流的汇入位点。

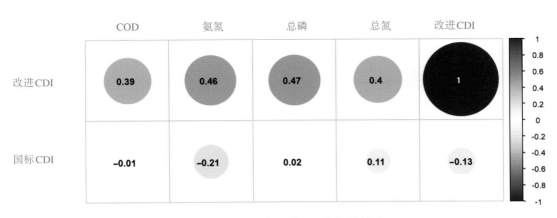

图 5-2　国标 CDI 与改进 CDI 之间的关系

在第四章第二节中我们通过聚类分析将黄河流域的采样位点进行了分割，将黄河流域的底栖硅藻群落划分为3组，其中组1主要为黑河、湟水和黄河干流上游河段；组2主要为黄河干流河段；组3主要为汾河和渭河河段。我们进一步对这3个聚类组的水体营养状态和改进CDI进行比较，结果表明组3的总磷、总氮和化学需氧量均高于组1和组2，表明组3水体的营养状态显著高于其他水体（图5-3，Kruskal-Wallis 检验，$p < 0.05$）。同时，组3中改进CDI也高于组1和组2的CDI，说明改进CDI更能反映黄河流域水体的营养状态。

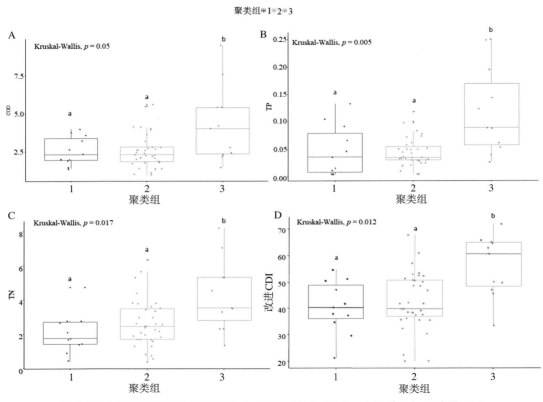

图5-3　3个聚类群中的化学需氧量（COD）、总磷（TP）、总氮（TN）和改进CDI

总之，改进CDI与水体营养状态的各变量均呈正相关关系，表明该指数能有效反映黄河流域水体营养状态。对于黄河流域的水体管理者来说，改进CDI可以提供简单的数值供管理者们参考，而不是复杂的评价体系。因此当我们着重关注水体的富营养化问题时，这种评价方法可能成为流域水体管理者的首选。

黄河作为世界第五大河流，扮演着连接三江源、祁连山、汾渭平原、华北平原等一系列"生态高地"的重要角色。它是华夏大地上的重要空间纽带，具有极其重要的生态服务功能，包括水资源保障和生态调控等。然而，黄河流域在水生生物多样性保护方面面临着严重的挑战。尽管我国已经采取了多项措施来保护黄河流域的水生生物多样性，但是由于水环境污染、生态系统退化以及人类活动对生物栖息地的干扰，黄河流域的鱼类资源已经大大减少，生物多样性也面临下降的趋势。目前，黄河流域的水生生物监测与保护工作的基础相对薄弱，并且滞后于实际需求。各个河段对水生生物的掌控程度差异较大，物种资源的情况不明确，评价结果不准确，保护策略也不得当。

在这种背景下，对黄河流域的关键生态系统和重要栖息地进行长期、全面、多类群的水生生物监测至关重要。这将有助于了解黄河流域水生生物资源的情况、时空变化以及保护状况，为黄河流域的生态保护和高质量发展提供技术支撑。通过长期监测，可以更好地了解黄河流域的水生生物资源的基本情况，包括物种的种类和数量。同时，还可以掌握它们的时空动态，了解它们的演替和繁殖习性，以及受到的威胁和压力。这些信息对于科学有效地制定保护策略和措施非常重要。此外，长期监测还可以帮助评估现有保护措施的效果，并及时发现问题和不足之处。通过对监测结果的分析和评估，可以及时调整保护策略，提高保护工作的效果。

为加快推进黄河流域水生生物保护工作，促进黄河流域水生态系统的健康发展，本书针对流域内水质条件、生境特征和底栖硅藻生物多样性现状，详细提出了适合黄河流域底栖硅藻的采集方法、落实适宜于黄河流域底栖硅藻评价方法，以及目前黄河流域的主要环境问题等，为下一步开展黄河流域水生态保护及修复、建立生态环境保护的长效机制提供强有力的支持。

2020—2022年黄河流域底栖硅藻调查中共发现了底栖硅藻15科54属166种（含17变种2个变型）。其中，颗粒沟链藻（*Aulacoseira granulata*）、梅尼小环藻（*Cyclotella meneghiniana*）、极小曲丝藻（*Achnanthidium minutissimum*）、谷皮菱形藻（*Nitzschia palea*）、平凡舟形藻（*Navicula trivialis*）、雷士舟形藻（*Navicula leistikowii*）、钝脆杆藻（*Fragilaria capucina*）、邻近异极藻（*Gomphonema affine*）、尖肘形藻（*Ulnaria acus*）、肘状肘形藻 *Ulnaria ulna*）、普通等片藻（*Diatoma vulgaris*）为流域内优势种（优势度≥0.02）。它们在黄河流域的普遍分布与黄河流域的地理特征和环境要素之间存在着千丝万缕的联系。

经进一步分析底栖硅藻在黄河流域不同区域的物种多样性分布，发现流域中游的硅藻物种多样性最高，与水质条件最好的上游流域不符合。这一现象提示，人类活动在流域中形成了不同程度的扰动，其多样性分布特征可能符合中度干扰理论。进一步分析影响底栖硅藻相对丰度的环境要素后，发现总氮、混浊度、电导率和pH是最关键的人类活动因素；而水温和纬度则是影响硅藻群落组成最重要的区域条件。在黄河流域上游河段，指示物种为极小曲丝藻；而在中下游河段，指示物种为平凡舟形藻和雷士舟形藻。此外，在营养化程度较高的汾河和渭河河段，指示物种为梅尼小环藻和眼斑小环藻。这些指示物种的存在反映了不同河段的特殊环境条件和营养水平。研究人员还将浮游植物功能群系统的环境模板应用于底栖硅藻指示物种中，发现这可以成功解释黄河流域的生境特点，包括海拔、水体浊度以及富营养化程度等问题。这表明，除了水体富营养化以外，利用藻类功能群系统来指示环境条件，可以帮助判断不同生境条件的多样性。通过对黄河流域底栖硅藻的研究，我们发现不同河段的物种多样性分布与人类活动和区域条件密切相关。此外，利用藻类功能群系统还可以提供有关黄河流域特定生境特征的重要信息。这些研究结果为黄河流域的水生态系统保护和管理提供了科学依据，有助于制定相应的保护策略并促进流域的可持续发展。

2023年，我国生态环境部发布的《水生态监测技术指南　河流水生生物监测与评价（试行）》（HJ 1295—2023）中引入了综合硅藻指数（CDI）来评价水体环境质量。该综合指数是基于建立评价框架时选择的水体营养指标，在评价过程中由人类活动导致的环境参数变化则考虑较少。早期的研究结果暗示黄河流域底栖硅藻群落结构受到一系列人类活动的干扰，这些干扰可能会影响整个生态系统的响应，从而导致底栖硅藻指示值和敏感值的偏差。因此，在国标CDI的基础上，我们对其进行了改进。研究结果显示，国标CDI和改进CDI评价结果存在明显差异。这表明改进CDI能够更准确地评估黄河流域的水体环境质量。改进CDI与水体营养状态的各个变量均呈正相关关系，说明该指数能够有效反映黄河流域水体的营养状况。对于黄河流域的水体管理者来说，改进CDI提供了一个简单的数值参考，而不需要复杂的评价体系。因此，当我们关注水体的富营养化问题时，这种评价方法可能成为流域水体管理者的首选。综上所述，通过对CDI进行改进，我们能够更准确地评估黄河流域水体的营养状况。这种改进后的评价方法为流域水体管理者提供了简单可行的评估工具，有助于更好地监测和管理水体的环境质量。这对于加快推进黄河流域水生生物保护工作，促进水生态系统的健康发展具有重要意义。

参考文献

才美佳, 2018. 长江下游干流硅藻生物多样性研究 [D]. 上海: 上海师范大学.

陈小艺, 2023. 广东、广西沿海岛屿淡水硅藻的分类学研究 [D]. 哈尔滨: 哈尔滨师范大学.

邓培雁, 雷远达, 刘威, 等, 2012. 七项河流附着硅藻指数在东江的适用性评估 [J]. 生态学报, 32: 5014-5024.

胡俊, 胡鑫, 米玮洁, 等, 2016. 多沙河流夏季浮游植物群落结构变化及水环境因子影响分析 [J]. 生态环境学报, 25: 1974-1982.

金德祥, 程兆第, 1982. 中国海洋底栖硅藻类: 上卷 [M]. 北京: 海洋出版社.

李聪, 张曼, 吕绪聪, 等, 2022. 德国舟形藻: 中国硅藻新记录种 [J]. 淡水渔业, 52: 3-8.

李家英, 齐雨藻, 2010. 中国淡水藻志: 第十四卷. 硅藻门 [M]. 北京: 科学出版社.

李家英, 齐雨藻, 2014. 中国淡水藻志: 第十九卷. 硅藻门. 舟形藻科 (Ⅱ) [M]. 北京: 科学出版社.

李家英, 齐雨藻, 2018. 中国淡水藻志: 第二十三卷. 硅藻门. 舟形藻科 (Ⅲ) [M]. 北京: 科学出版社.

李巧玉, 刘瑞, 向蓉, 等, 2017. 三峡库区支流底栖硅藻功能群特征及其驱动因子分析: 以汝溪河为例 [J]. 湖泊科学, 29: 1464-1472.

李亚蒙, 赵琦, 冯广平, 等, 2010. 白洋淀硅藻分布及其与水环境的关系 [J]. 生态学报, 30: 4559-4570.

李钟群, 袁刚, 郝晓伟, 等, 2012a. 浙江金华江支流白沙溪水质硅藻生物监测方法 [J]. 湖泊科学, 24: 436-442.

李钟群, 袁刚, 郝晓伟, 等, 2012b. 金华江支流白沙溪附生硅藻群落结构及影响因子研究 [J]. 长江流域资源与环境, 21: 57-61.

林均民, 金德祥, 1980. 台湾海峡 (福建沿海) 硅藻的新种和在我国的新记录: Ⅵ. 三角藻属、双眉藻属、卵形藻属及其它 [J]. 厦门大学学报 (自然科学版), 4: 108-113, 128.

刘红岩, 2022. 长江上中游浮游硅藻生物多样性与环境相关性研究 [D]. 哈尔滨: 哈尔滨师范大学.

刘静, 韦桂峰, 胡韧, 等, 2013. 珠江水系东江流域底栖硅藻图集 [M]. 北京: 中国水利水电出版社.

刘黎, 贺新宇, 付君珂, 等, 2019. 三峡水库干流底栖硅藻群落组成及其与环境因子的关系 [J]. 环境科学, 40: 11.

刘兴荣, 2010. 基于环境影响的硅藻研究进展 [J]. 安徽农业科学, 38: 3092-3093, 3104.

栾卓, 范亚文, 门晓宇, 2010. 松花江哈尔滨段水域硅藻植物群落及其水质的初步评价 [J]. 湖泊科学: 22(1): 86-92.

罗粉, 尤庆敏, 于潘, 等, 2019. 四川木格措十字脆杆藻科硅藻的分类研究 [J]. 水生生物学报, 43: 13.

倪依晨, 2014. 中国西南山区硅藻研究 [D]. 上海: 上海师范大学.

齐雨藻, 1995. 中国淡水藻志: 第四卷. 硅藻门. 中心纲 [M]. 北京: 科学出版社.

齐雨藻, 李家英, 2004. 中国淡水藻志: 第十卷. 硅藻门. 羽纹纲 (无壳缝目拟壳缝目) [M]. 北京: 科学出版社.

施之新, 2004. 中国淡水藻志: 第十二卷. 硅藻门. 异极藻科 [M]. 北京: 科学出版社.

施之新, 2013. 中国淡水藻志: 第十六卷 [M]. 北京: 科学出版社.

谭香, 刘妍, 2022. 汉江上游底栖硅藻图谱 [M]. 北京: 科学出版社.

王翠红, 张金屯, 2004. 汾河水库水源河着生硅藻群落的 DCCA 研究 [J]. 中国环境科学: 24(1): 28-31.

王倩, 2009. 黔, 桂珠江水系底栖硅藻群落分布特征及其与环境变量间的相关性研究 [D]. 贵阳: 贵州师范大学.

王倩, 支崇远, 康福星, 2009. 黔桂喀斯特区域河流水体离子对底栖硅藻群落的影响 [J]. 环境科学学报, 29: 1517-1526.

王全喜, 2018. 中国淡水藻志: 第二十二卷. 硅藻门. 管壳缝目 [M]. 北京: 科学出版社.

王珊珊, 2019. 河口泥滩底栖硅藻群落结构时空变化特征的比较研究 [D]. 北京: 中国科学院大学.

王艳璐, 2019. 中国四川西南部单壳缝目硅藻分类学研究 [D]. 上海: 上海师范大学.

夏军, 刘柏君, 程丹东, 2021. 黄河水安全与流域高质量发展思路探讨 [J]. 人民黄河, 43: 11-16.

邢爽, 2019. 拉林河底栖硅藻时空分布格局及水质初步评价 [D]. 哈尔滨: 哈尔滨师范大学.

徐季雄, 尤庆敏, PATRICK K J, 等, 2017. 九寨沟长海中心纲硅藻的分类学研究及报道 1 个新种 (英文) [J]. 水生生物学报.

杨琦, 2020. 鄱阳湖浮游硅藻生物多样性研究 [D]. 上海: 上海师范大学.

殷旭旺, 渠晓东, 李庆南, 等, 2012. 基于着生藻类的太子河流域水生态系统健康评价 [J]. 生态学报, 32: 15.

袁莉, 刘祝祥, 龙继艳, 等, 2022. 硅藻中国一新记录种: 泉生平片藻 [J]. 西北植物学报, 42: 8.

张曼, 董静, 高云霓, 2022. 河南养殖池塘藻类原色图集 [M]. 北京: 中国农业出版社.

张蓥钰, 吕绪聪, 董静, 等, 2023. 中国曲丝藻属新记录种: 温泉曲丝藻 (*Achnanthidium thermalis*) [J]. 淡水渔业, 53: 13-21.

赵湘桂, 蔡德所, 刘威, 等, 2009. 漓江水质硅藻生物监测方法研究 [J]. 广西师范大学学报 (自然科学版), 27: 142-147.

赵亚辉, 邢迎春, 周传江, 等, 2021. 黄河流域淡水鱼类多样性和保护 [J]. 生物多样性, 28: 1496-1510.

周光益, 田大伦, 邱治军, 等, 2009. 广州市流溪河降水离子浓度与电导率关系 [J]. 生态科学, 28: 465-470.

ABONYI A, DESCY J P, BORICS G, et al., 2021. From historical backgrounds towards the functional classification of river phytoplankton sensu Colin S. Reynolds: what future merits the approach may hold [J]. Hydrobiologia, 848: 131-142.

ÁCS É, F LDI A, VAD C F, et al., 2019. Trait-based community assembly of epiphytic diatoms in saline astatic ponds: a test of the stress-dominance hypothesis [J]. Scientific Reports, 9: 15749.

ÁLVAREZ-BLANCO I, BLANCO S, 2013. *Nitzschia* imae sp. nov. (Bacillariophyta, Nitzschiaceae) from Iceland, with a redescription of *Hannaea arcus* var. *linearis* [J]. Anales Del Jardin Botanico De Madrid, 70: 144-151.

BENITO X, FRITZ S C, 2020. Neotropical Diversification: Patterns and Processes[M]//Diatom Diversity and Biogeography Across Tropical South America. Berlin: Springer.

BORICS G, VáRBíRó G, GRIGORSZKY I, et al., 2007. A new evaluation technique of potamo-plankton for the assessment of the ecological status of rivers [J]. Large Rivers, 161: 466-486.

CLEVE P T, 1894. Synopsis of the naviculoid diatoms [J]. Kungliga Vetenskapsakademien, 27: 1-219.

COHU R L, AZEMAR F, 2011. Morphological studies of selected taxa in the Cymbellaceae from French Pyrenees including the description of a new species: *Delicata couseranensis* sp. nov [J]. Cryptogamie Algologie, 32: 131-155.

DUDGEON D, ARTHINGTON A H, GESSNER M O, et al., 2006. Freshwater biodiversity: importance, threats, status and conservation challenges [J]. Biological Reviews, 81: 163-182.

DUFRENE M, LEGENDRE P, 1997. Species assemblages and indicator species: The need for a flexible asymmetrical approach [J]. Ecological Monographs, 67: 345-366.

GOMà J, RIMET F, CAMBRA J, et al., 2005. Diatom communities and water quality assessment in Mountain Rivers of the upper Segre basin (La Cerdanya, Oriental Pyrenees) [J]. Hydrobiologia, 551: 209-225.

HASLE G R, 1972. Two types of valve processes in Centirc diatoms [J]. Nova Hedwigia Beih., 39: 44-78.

HAYAKAWA T, KUDOH S, SUZUKI Y, et al. 1994. Temperature-dependent changes in colony size of the freshwater pennate diatom *Asterionella formosa* (Bacillariophyceae) and their possible ecological implications [J]. Journal of Phycology, 30(6): 955-964.

HUSTEDT F, Jensen N G, 1959. The Pennate Diatoms: A Translation of Hustedt's "Die Kieselalgen, 2. TEIL" [M]. Koenigstein: Koeltz Scientific Books.

KTZING F T 1833. Synopsis Diatomacearum oder versuch einer systematischer Zusammenstellung [J]. Diatomeen-Linnaea, 8: 526-620.

KELLY M, JUGGINS S, GUTHRIE R, et al., 2010. Assessment of ecological status in U.K. rivers using diatoms [J]. Freshwater Biology, 53: 403-422.

KELLY M G, WHITTON B A, 1995. The trophic diatom index: a new index for monitoring eutrophication in rivers [J]. Journal of Applied Phycology, 7: 433-444.

KRAMMER K, 1997. Die Cymbelloiden Diatomeen T.2. *Encyonema* part, *Encyonema* und *Cymbellopsis*[M]. Germany: Schweizerbart Science.

KRAMMER K, LANGE-BERTALOT H, 1991. Bacillariophyceae[M]. Germany: Gustav Fischer Verlag.

KRAMMER K, LANGE-BERTALOT H, 2012. 欧洲硅藻鉴定系统 [M]. 广州: 中山大学出版社.

KULIKOVSKIY M, LANGE-BERTALOT H, KUZNETSOVA I, et al., 2015. Three new species of *Eolimna* Lange-Bertalot & Schiller (Bacillariophyta) from Lake Baikal [J]. Nova Hedwigia, 144: 199-209.

LAI J, ZOU Y, ZHANG J, et al., 2022. Generalizing hierarchical and variation partitioning in multiple regression and canonical analyses using the rdacca.hp R package [J]. Methods in Ecology and Evolution, 13: 782-788.

LANGE-BERTALOT H, GENKAL S I, 1999. Diatoms from Siberia I. Islands in the Arctic Ocean (Yugorsky-Shar Strait)[M]. Koenigstein:Western Siberia.

LIU B, BLANCO S, LAN Q-Y, 2018. Ultrastructure of *Delicata sinensis* Krammer et Metzeltin and *D. williamsii* sp. nov. (*Bacillariophyta*) from China [J]. Fottea, 18: 30-36.

LIU B, WILLIAMS D M, TAN L, 2017. Three new species of *Ulnaria* (Bacillariophyta) from the Wuling Mountains Area, China [J]. Phytotaxa, 306: 241-258.

LIU Y, KOCIOLEK J P, FAN Y, et al., 2012. *Pseudofallacia* gen. nov., a new freshwater diatom (Bacillariophyceae) genus based on *Navicula occulta* Krasske [J]. Phycologia, 51: 620-626.

MANNMD G, 1981. A note on valve formation and homology in the diatom genus *Cymbella* [J]. Annals of Botany, 47: 267-269.

MANNMD G, 1984. Observations on copulation in *Navicula pupula* and *Amphora ovalis* in relation to the nature of diatom species [J]. Annals of Botany, 54: 429-438.

MANNMD G, 1999. Phycological reviews 18: The species concept in datoms [J]. Phycologia, 38: 437-495.

MANNMD G, 2007. Proposal to conserve the name *Cylindrotheca* against *Ceratoneis* (Bacillariophyceae)[J]. Taxon, 56: 953-955.

MERESCHKOWSKY C, 1902. On *Sellaphora*, a new genus of diatoms [J]. Ann. Mag. Nat. Hist., 9: 185-195.

MIZUNO M, 2010. Mophological variation of the attached diatom: *Cocconeis scutellum* var. *scutellum*: (Bacillariophyceae) [J]. Journal of Phycology, 23: 4.

NOVAIS M H, JUTTNER I, VAN DE VIJVER B, et al., 2015. Morphological variability within the *Achnanthidium minutissimum* species complex (Bacillariophyta): comparison between the type material of *Achnanthes minutissima* and related taxa, and new freshwater *Achnanthidium* species from Portugal [J]. Phytotaxa, 224: 101-139.

PADIS K J, BORICS G, GRIGORSZKY I, et al., 2006. Use of phytoplankton assemblages for monitoring ecological status of lakes within the Water Framework Directive: the assemblage index [J]. Hydrobiologia, 553: 1-14.

PADIS K J, CROSSETTI L O, NASELLI-FLORES L, 2009. Use and misuse in the application of the phytoplankton functional classification: a critical review with updates [J]. Hydrobiologia, 621: 1-19.

PATRICK R W, REIMER C W, 1966. The diatoms of the United States exclusive of Alaska and Hawaii [J]. Monographs of the Academy of Natural Sciences of Philadelphia, 2: 1-688.

PEI G, LIU G, 2011. Distribution patterns of benthic diatoms during summer in the Niyang River, Xizang, China [J]. Journal of Oceanology and Limnology, 29: 7.

PIGNATA C, MORIN S, SCHARL A, et al., 2013. Application of European biomonitoring techniques in China: Are they a useful tool[J]. Ecological Indicators, 29: 489-500.

POTAPOVA M, CHARLES D F, 2010. Distribution of benthic diatoms in U.S. rivers in relation to conductivity and ionic composition [J]. Freshwater Biology, 48: 1311-1328.

PRESCOTT G W, PATRICK R, REIMER C W, 1975. The diatoms of the United States [J]. Monographs of Academy of Natural Science of Philadelphia, 13: 582.

REYNOLDS C S, VERA H, CARLA K, et al., 2002. Towards a functional classification of the freshwater phytoplankton[J]. Journal of Plankton Research, 24: 417-428.

RIATO L, LEIRA M, 2020. Heterogeneity of epiphytic diatoms in shallow lakes: Implications for lake monitoring[J]. Ecological Indicators, 111: 105988.

ROTT E, PIPP E, PFISTER P, 2003. Diatom methods developed for river quality assessment in Austria and a cross-check against numerical trophic indication methods used in Europe [J]. Algological Studies, 110: 91-115.

ROUND F E, 1991. On stria patterns in *Fragilaria* and *Synedra* [J]. Diatom Research, 6: 147-154.

ROUND F E, BUKHTIYAROVA L, 1996a. Four new genera based on *Achnanthes* (*Achnanthidium*) together with a redefinition of *Achnanthidium*[J]. Diatom Research, 11: 345-361.

ROUND F E, BUKHTIYAROVA L, 1996b. Revision of the genus *Achnanthes* sensu lato section *Marginulatae* Bukht sect nov of *Achnanthidium* Kütz [J]. Diatom Research, 11: 1-30.

ROUND F E, CRAWFORD R M, MANN D G, 1990. The diatoms: biology & morphology of the genera[M]. Britain: Cambridge University Press.

RUOCCO N, CAVACCINI V, CARAMIELLO D, et al., 2019. Noxious effects of the benthic diatoms *Cocconeis scutellum* and *Diploneis* sp. on sea urchin development: Morphological and de novo transcriptomic analysis [J]. Harmful Algae, 86: 64-73.

SILVA W J D D, SOUZA M D G M D, 2015. New species of the genus *Encyonema* (Cymbellales, Bacillariophyta) from the Descoberto River Basin, Central-western Brazil[J]. Phytotaxa, 195: 154-162.

STANCHEVA R, 2019. *Planothidium sheathii*, a new monoraphid diatom species from rivers in California, USA[J]. Phytotaxa, 393: 131-140.

STEPANEK J G, KOCIOLEK J P, 2013. Several new species of Amphora and Halamphora from the western USA [J]. Diatom Research, 28: 61-76.

TAN X, SHELDON F, BUNN S E, et al., 2013. Using diatom indices for water quality assessment in a subtropical river, China [J]. Environmental Science & Pollution Research, 20: 4164-4175.

TUJI A, 2009. The Transfer of Two Japanese *Synedra* species (Bacillariophyceae) to the Genus Ulnaria [J]. Bulletin of the National Museum of Nature & Science, 35: 11-16.

TUJI A, 2020. Transfer of the *Gomphoneis tetrastigmata* species complex and related taxa to the genus *Gomphonella* (Bacillariophyceae) [J]. Bulletin of the National Museum of Nature and Science, Series B. Botany, 46: 65-73.

VAN LANDINGHAM S L, 1968. Catalogue of the fossil and recent genera and species of diatoms and their synonyms. Part IV [J]. Transactions of the American Microscopical Society, 87: 271.

VAN LANDINGHAM S L, 1978. Catalogue of the fossil and recent genera and species of diatoms and their synonyms. VII. Rhoicosphenia through Zycogeros[M]. Vaduz: Neidium through Rhoicosigma.

VIJVER B V D, KOPALOVA K, ZIDAROVA R, et al., 2014. Revision of the genus Halamphora (Bacillariophyta) in the Antarctic Region[J]. Plant Ecology and Evolution, 147: 374-391.

WANG J, CHEN L, TANG W, et al., 2021. Effects of dam construction and fish invasion on the species, functional and phylogenetic diversity of fish assemblages in the Yellow River Basin [J]. Journal of Environmental Management, 293: 112863.

WANG Q, ZHI C, HAMILTON P B, et al., 2009. Diatom distributions and species optima for phosphorus and current velocity in rivers from ZhuJiang Watershed within a Karst region of south-central China [J]. Fundamental & Applied Limnology, 175: 125-141.

WANG S, FU B, PIAO S, et al., 2016. Reduced sediment transport in the Yellow River due to anthropogenic changes[J]. Nature Geoscience, 9: 38-41.

WILIAMS D M, 1986. Proposal to conserve the generic name *Tetracyclus* against *Biblarium* (Bacillariophyta) [J]. Taxon, 35(4): 730-731.

WILLIAMS D M, ROUND F E, 1986. Revision of the genus *Synedra* [J]. Diatom Research, 1: 313-339.

WOJTAL A, Z., ECTOR L, VAN DE VIJVER B, et al., 2011. The *Achnanthidium minutissimum* complex (Bacillariophyceae) in southern Poland [J]. Algological Studies, 3: 136-137.

WU N, THODSEN H, ANDERSEN H E, et al., 2019. Flow regimes filter species traits of benthic diatom communities and modify the functional features of lowland streams - a nationwide scale study[J]. Science of The Total Environment, 651: 357-366.

WYNNE M J, 2019. *Delicatophycus* gen. nov.: a validation of "*Delicata* Krammer" inval. (Gomphonemataceae, Bacillariophyta) [J]. Notulae Algarum, 97: 1-3.

ZHANG M, DONG J, GAO Y, et al., 2021. Patterns of phytoplankton community structure and diversity in aquaculture ponds, Henan, China [J]. Aquaculture, 544: 737078.

ZHANG M, LV X C, DONG J, et al., 2022. Multiple habitat templates for phytoplankton indicators within the functional group system [J]. Hydrobiologia, 850(1): 5-19.

附录1 黄河流域各采样位点生境照片

大河家

红　旗

靖远桥

碌　曲

玛 曲

上海石村

五佛寺

西寨大桥

小　川

新城桥

岱　海

乌梁素海

麻黄沟

沙　湖

鄂陵湖

甘冲口

贵　德

黄河沿

金　滩

龙羊峡水库——上

龙羊峡水库——中

龙羊峡水库——下

门　堂

民和东垣

唐乃亥

小峡桥

扎陵湖

扎马隆

刁口河滨湖路桥

东平湖

建林浮桥

垦　利

利 津

丁字路口

风陵渡大桥

红　原

唐　克

纳木错湖

小浪底

艾丁湖

艾比湖

乌拉泊水库

附录2　物种信息表

物种	图版	页码
假具星碟星藻 *Discostella pseudostelligera*	图2-1	011
具星碟星藻 *Discostella stelligera*	图2-2	011
碟星藻 *Discostella* sp.	图2-3	012
高山冠盘藻 *Stephanodiscus alpinus*	图2-4	013
梅尼小环藻 *Cyclotella meneghiniana* var. *meneghiniana*	图2-5	015
梅尼小环藻中平变型 *Cyclotella meneghiniana* f. *plana*	图2-6	015
眼斑小环藻 *Cyclotella ocellata*	图2-7	016
原子小环藻 *Cyclotella atmous*	图2-8	017
长海小环藻 *Cyclotella changhai*	图2-9	017
湖沼海链藻 *Thalassiosira lacustris*	图2-10	018
辐纹琳达藻 *Lindavia radiosa*	图2-11	019
省略琳达藻 *Lindavia praetermissa*	图2-12	020
变异直链藻 *Melosira varians*	图2-13	021
矮小沟链藻 *Aulacoseira pusilla*	图2-14	022
颗粒沟链藻 *Aulacoseira granulate*	图2-15	023
克罗顿脆杆藻 *Fragilaria crotonensis*	图2-16	025
沃切里脆杆藻小头变种 *Fragilaria vaucheriae* var. *capitellata*	图2-17	026
钝脆杆藻 *Fragilaria capucina* var. *capucina*	图2-18	027
钝脆杆藻披针形变种 *Fragilaria capucina* var. *lonceolata*	图2-19	028
相近脆杆藻 *Fragilaria famelica*	图2-20	029
寄生假十字脆杆藻 *Pseudostaurosira parasitica*	图2-21	029
假十字脆杆藻 *Pseudostaurosira* sp.	图2-22	030
簇生平格藻 *Tabularia fasciculata*	图2-23	032
平片平格藻 *Tabularia tabulate*	图2-24	032
尖肘形藻 *Ulnaria acus*	图2-25	033
美小栉链藻 *Ctenophora pulchella*	图2-26	034
弧形蛾眉藻 *Ceratoneis arcus*	图2-27	035
线性蛾眉藻 *Ceratoneis linearis*	图2-28	035
相似网孔藻 *Punctastriata mimetica*	图2-29	036
念珠状等片藻 *Diatoma moniliformis*	图2-30	038
普通等片藻 *Diatoma vulgaris*	图2-31	039
中型等片藻 *Diatoma mesodon*	图2-32	040
弧形短缝藻双齿变种 *Eunotia arcus* var. *bidens*	图2-33	041
虱形双眉藻 *Amphora pediculus*	图2-34	042
结合双眉藻 *Amphora copulate*	图2-35	043
花柄双眉藻 *Amphora pediculus*	图2-36	044
诺氏双眉藻 *Amphora normanii*	图2-37	044
近缘双眉藻 *Amphora affinis*	图2-38	045
咖啡豆形海双眉藻 *Halamphora coffeaeformis*	图2-39	046
细弱海双眉藻 *Halamphora subtilis*	图2-40	047
蓝色海双眉藻 *Halamphora veneta*	图2-41	048

（续）

物种	图版	页码
海双眉藻 *Halamphora* sp.1	图2-42	048
海双眉藻 *Halamphora* sp.2	图2-43	049
近缘桥弯藻 *Cymbella affinis*	图2-44	050
膨胀桥弯藻 *Cymbella tumida*	图2-45	051
热带桥弯藻 *Cymbella tropica*	图2-46	053
新细角桥弯藻 *Cymbella neoleptoceros*	图2-47	053
粗糙桥弯藻小型变种 *Cymbella aspera* var. *minor*	图2-48	054
汉茨桥弯藻 *Cymbella hantzschiana*	图2-49	055
北极桥弯藻 *Cymbella arctica*	图2-50	055
澳洲桥弯藻 *Cymbella australica*	图2-51	056
新箱形桥弯藻 *Cymbella neocistula*	图2-52	057
西里西亚内丝藻 *Encyonema silesiacum*	图2-53	058
隐内丝藻 *Encyonema latens*	图2-54	059
簇生内丝藻 *Encyonema cespitosum*	图2-55	060
微小拟内丝藻 *Encyonopsis minuta*	图2-56	062
阿苏尔拟内丝藻 *Encyonopsis azuleana*	图2-57	062
双头弯肋藻 *Cymbopleura amphicephala*	图2-58	063
舟形弯肋藻 *Cymbopleura naviculiformis*	图2-59	064
窄弯肋藻 *Cymbopleura angustata*	图2-60	065
库尔伯斯弯肋藻 *Cymbopleura kuelbsii*	图2-61	065
优美藻 *Delicatophycus delicatula*	图2-62	066
威廉优美藻 *Delicatophycus williamsii*	图2-63	067
维里纳优美藻 *Delicatophycus verena*	图2-64	068
波状瑞氏藻 *Reimeria sinuata*	图2-65	069
邻近异极藻 *Gomphonema affine*	图2-66	070
小型异极藻 *Gomphonema parvulum*	图2-67	071
窄异极藻 *Gomphonema angustatum*	图2-68	072
缢缩异极藻头端变种 *Gomphonema constrictum* var. *capitatum*	图2-69	073
纤细异极藻 *Gomphonema gracile*	图2-70	073
橄榄绿异纹藻原变种 *Gomphonella olivaceum* var. *olivaceum*	图2-71	075
橄榄绿异纹藻具孔变种 *Gomphonella olivaceum* var. *punctatum*	图2-72	076
高位中华异极藻 *Gomphosinica chubichuensis*	图2-73	077
短弯楔藻 *Rhoicosphenia abbreviata*	图2-74	078
沼地茧形藻 *Amphiprora paludosa*	图2-75	079
香尔茧形藻 *Amphiprora cholnokyi*	图2-76	079
平凡舟形藻 *Navicula trivialis*	图2-77	081
德国舟形藻 *Navicula germanopolonica*	图2-78	082
拟两头舟形藻 *Navicula amphiceropsis*	图2-79	084
雷士舟形藻 *Navicula leistikowii*	图2-80	085
系带舟形藻 *Navicula cincta*	图2-81	086
隐头舟形藻 *Navicula cryptocephala*	图2-82	087
三点舟形藻 *Navicula tripunctata*	图2-83	088

（续）

图书在版编目（CIP）数据

黄河流域底栖硅藻生物多样性图集 / 张曼等编著.
北京：中国农业出版社，2024.11. -- （黄河水生生物
多样性与健康评价丛书）. -- ISBN 978-7-109-32639-2

Ⅰ.Q949.27-64

中国国家版本馆CIP数据核字第2024L8C260号

HUANGHE LIUYU DIQI GUIZAO
SHENGWU DUOYANGXING TUJI

中国农业出版社出版

地址：北京市朝阳区麦子店街18号楼
邮编：100125
责任编辑：郑　君
版式设计：杨　婧　　责任校对：吴丽婷　　责任印制：王　宏
印刷：北京中科印刷有限公司
版次：2024年11月第1版
印次：2024年11月北京第1次印刷
发行：新华书店北京发行所
开本：787mm×1092mm　1/16
印张：15.25
字数：371千字
定价：158.00元